为爱'吃'狂

美食是最好的情书

蓝冰滢
大民民 ／ 著

U0315080

中国轻工业出版社

图书在版编目（CIP）数据

为爱"吃"狂：美食是最好的情书 / 蓝冰滢，大民
民著 . — 北京：中国轻工业出版社，2015.5
ISBN 978-7-5184-0437-7

Ⅰ．①为… Ⅱ．①蓝… ②大… Ⅲ．①饮食－文化－
中国 Ⅳ．① TS971

中国版本图书馆 CIP 数据核字（2015）第 050911 号

责任编辑：王巧丽　　责任终审：劳国强　　封面设计：蘑菇猫
版式设计：蘑菇猫　　责任校对：李　靖　　责任监印：马金路

出版发行：中国轻工业出版社（北京东长安街 6 号，邮编：100740）
印　　刷：北京博海升彩色印刷有限公司
经　　销：各地新华书店
版　　次：2015 年 5 月第 1 版第 1 次印刷
开　　本：720×1000 1/16　印张：13.5
字　　数：190 千字
书　　号：ISBN 978-7-5184-0437-7　　　　　　定价：38.00 元
邮购电话：010-65241695　传真：65128352
发行电话：010-85119835　85119793　传真：85113293
网　　址：http://www.chlip.com.cn
Email：club@chlip.com.cn
如发现图书残缺请直接与我社邮购联系调换
141062S1X101ZBW

望湘园总经理：刘慧

认识大民民和蓝冰滢的时间并不久，却是一见投缘。与这对 70 后和 80 后的小夫妻聊天，在自由的话题和无拘的气氛中，你能强烈感受到一种生活的激情。这本《为爱"吃"狂》，由他们俩的创意美食工作室"蓝猪坊"倾心打造，写的是美食，表达的是一份生活态度，语言活泼，语境温暖，调子接地气。在两个人的美食故事里，我们会和主人公一同收获关于爱和美食的心得。

"嘘！小声点，别打扰到厨房那一锅汤"、"给了解不深的两个人泼上点热油"、"滚在菜园的热恋"、"炖出来的新婚"……这些文字，实在是生动传神。看着这两个人做菜，看着美味在热闹中呈现，看他们以做菜的名义谈情说爱，看爱情在温度与美味中发酵，你无法不被感染、感动。就如蓝冰滢所说，"生活的百种滋味在我们身上上演着"，又何尝不是在每对相爱的人身上上演着呢？

美食于我，也是一件幸福的事儿。休息时，我喜欢为自己煮上一份软糯香甜的杂粮粥，简单反璞中，要的是一份宁静。湘菜第一品牌——望湘园，是我热爱的地方，如同大民民与蓝冰滢对厨房的热爱。我在望湘园上演着追寻爱与美食的精彩。我常常带着团队天南海北地吃，发现并品尝美味，探讨并研发美食。当那些包裹着诚意的美味，在望湘园各分店的餐桌上，被客人心满意足地口口相传，我内心的喜悦，大概与为爱吃狂的一对碧人是一样的吧！

"唯爱与美食不可辜负。"

大民民和蓝冰滢、蓝猪坊与望湘园，皆因美食结缘。开放包容、追逐梦想、不断尝试、勇敢表达自己，正是他们身上的典型特征，也正是望湘园所欣赏的。作为望湘园特聘的营养顾问，大民民和蓝冰滢，通过望湘园全国 70 余家分店，分享他们对美食的理解，分享他们的原创美食，也分享他们被酸甜苦辣咸炖煮煎炒的烟火幸福。

因吃结缘，为爱吃狂。

这真是充满味道的美好人生。

2015 年 3 月 9 日

望湘园，就这湘味。

全国知名湘菜品牌，在华东、华北、华南近 20 个城市，拥有近 70 家分店。

自序一 by 蓝冰滢

大家好，我是蓝冰滢，一个标准的 85 后。

我矫情，说话损，控制欲强，喜欢花钱买各种有用没用的东西。我享受生活，喜欢寻找简单的快乐，性格乐观积极，是朋友圈儿公认的开心果。不过我也是个带些悲观色彩的乐观主义者，我喜欢把事情想得坏一点，这样不管最终是怎么样的结果都比我设想得要好，我最终还是开心的。

2005 年，还在读大学的我，遇到了现在的老公——大民民，那时候他还有一头茂密的头发，然后就有了我们之间各种奇葩的故事：

当我呱呱落地的时候，他已经是孩子群里的孩子王，带着各色小朋友撒欢和泥了；

当我刚刚理解原来世界上是有两种性别——男人和女人的时候，他已经骑着自行车追在班花后面吹口哨了；

当我开始幻想爱情到底是什么的时候，他已经牵着那个班花的手，在放学回家的路上畅谈理想和生活了；

当我终于开始寻找我的真爱的时候，他已经开始寻找那个能和他过一辈子、愿意给他生儿育女、陪他一起老去的那个伴儿了。

不过都还好，我们兜兜转转，分分合合，吵了无数的架，说了太多次狠话，最终也没有错过彼此，这就是别人口中的缘分，我们眼中的贱！

用一句话总结，85 后嫁给 70 后，一辈子眼泪流不够。这眼泪，有开心的，有难过的，也有感动的。生活的百种滋味都在我们的生活中上演着，就好像一部舞台剧，各种夸张的、激情的、平淡的和兴奋的，融合在我们的生活里，也许其中的某些部分跟你的生活也差不多？

不管是怎么样的结果
都比我想得要好，
我最终还是开心的。

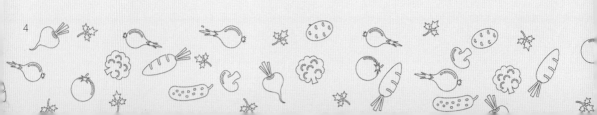

自序二 by 大民民

  我生于二十世纪七十年代，父母都是普通职工，从小他们就注重培养我的独立生活能力。所以对我来说，厨房也是我的另一个课堂：学生时代的我就已经掌勺应付家庭宴会，工作后更是有很多机会，在聚会的时候为同学、朋友们烧上一大桌子可口饭菜，看着大家吃得开心，我也感到无比的欣慰；毕竟掌握这样一门技能，在生活中确实可以很大程度地提高幸福指数！

  当今社会，工作压力大，生活节奏快，每个人都在努力地寻找着属于自己的幸福。我和蓝冰滢认识的时候，她还是一名在校大学生，单纯中带着一丝八零后特有的矫情。本来也没想祸害这个祖国的花朵儿，我毕竟比她大九岁，但是眼睁睁地看着这傻姑娘无数次在残酷现实中跌倒爬起、爬起跌倒，反复几年还抱着童话般的梦傻呵呵地冲南墙跑去，我这颗火热的心啊，还是没禁住煎熬，终于本着人道主义精神和我不入地狱谁入地狱爱咋咋地的心情和她牵了手！

  结果我发现，梦想的丰满是敌不过现实的骨感的，结果还是她拉低了我的智商情商财商，带我一起手拉手傻呵呵地冲南墙跑去……在经过了太多坎坷和挣扎后，我们都各自成长成熟了，回头看看这些年发生的一幕幕狗血剧，感受颇多，收益颇多。

  经历也好，经验也罢，不敢藏私，拿出来跟大家分享的，不仅仅是美食图片的烹饪技巧，也是在我们、甚至是千千万万家庭中都会发生的一些事情，更是我们在经历这些种种后，对生活、对家庭、对爱的理解与感悟……

  书中内容以时间为主线，并从两个人各自的视角介绍了美食，分享了一些生活中的小故事，更加入了双方彼此可以吐槽的设计，也是为了给大家呈现一个更加真实的状态——我和她的生活，就是书中阐释的，到底会是神马样子呢？

70+80= ？

你觉得答案会是

什么？

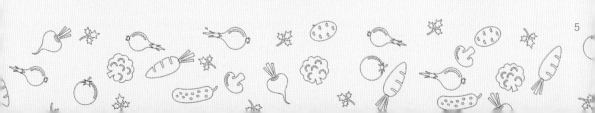

11
PART❶ 泼出来的初识

呲啦！菜上桌前那最后一勺热油，往往都是画龙点睛的一笔，给菜增香添色的同时带来一种特殊的声音，吸引的不光是你的鼻子，还有眼睛和耳朵，甚至能打开你全部的胃口，让口水在嘴巴里打转。生活中偶尔也需要一勺这样的热油，给了解不深入的两个人泼上点热油，让温度上升；给已经有点暧昧的一对儿来点热油，把暧昧烫熟了变成爱。

37
PART❷ 滚在菜园的热恋

嗨，快来，这里的南瓜熟了！把它们带回家我们做好吃的。菜园，我们恋爱时去的最多的地方。清明前后，我们去享受播种和灌溉的乐趣，期待这一年能收获多多；芒种时节，我们和阿姨伯伯一起去除虫施肥、顶着正午的烈日摘黄瓜、抽蒜薹；秋分到了，看着满园的果实然后再贪心地种下大白菜等待入冬前的收割；最后霜降来了，我们第一时间赶去挖红薯！绝对不能错过这一冬天的甜蜜。你们的恋爱宝地在哪儿？

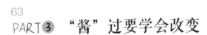

63
PART ❸ "酱"过要学会改变

酱，一种味道浓厚的调味品。南北方的酱差别很大，北方人会用黄豆或者面粉做酱，色重味浓；有的少数民族用辣椒和鱼产品做酱，酸辣鲜美；南方人也用黄豆做酱，虽然酱色浅淡却格外鲜甜。我们的生活，就好像一缸等待发酵成熟的酱，需要酵母菌的调和才能让看起来普通的食材发酵出别样的风味。你准备好做这样的酵母菌了吗？

89
PART ❹ 炖出来的新婚

咕嘟咕嘟咕嘟，咕嘟咕嘟，炖起来。炖，是一种想起来就特别舒服的烹饪方式。就好像新婚里的我们，每天都想尽可能地多些时间黏在一起，他生怕错过我的一个小眼神，我也担心漏掉了他的一个小动作。两个性格完全不同的人，就好像锅里的不同食材，被放在一起，煮熟，大火炖煮，互相融合，互相吸收和释放，变为一种和谐的味道，最后你中有我，我中有你。

115
PART⑤ 炒不完的酸甜苦辣咸

又开吵啦！怎么总是有事情让我们吵起来呢！看着厨房炒锅里的辣椒和花椒在一起跳跃，就好像看到了自己站在客厅里吵架的情形一样。我们之前的甜蜜呢？我们昨天的如胶似漆呢？怎么一下子都变了？到底是什么让我们每天吵在一起？花椒、大蒜、辣椒、葱花、八角还有小茴香，通通凑在一起，让我们痛快地炒起来！不过吵归吵，千万别忘记好好吃饭。

141
PART⑥ "煲煲里"家的温暖

嘘，小声点，别打扰到厨房那一锅汤。汤的温暖就好像家一样。再寒冷的季节，来上一碗热乎乎的汤也能驱散全部的寒气。煲汤的罐子就好像妈妈，包容着我们的一切，旺盛的炉火就是爸爸，他提供给我们需要的全部支持，哥哥是锅里的水，他容忍我们的任性和胡闹，姐姐是一大把青菜，舒舒爽爽去油腻，我当然就是最重要的肉啦！汤好不好我最重要呀！我家就是这锅热乎乎的汤，你家呢？

PART ❼ 我们都是冠军
——厨房里的擂台赛

厨房如战场，我家的厨房里战火纷飞，硝烟弥漫，每天都上演着谁也不服谁的较量。这较量在明处，看看谁做的红烧肉更好吃。这较量在暗处，到底谁的创新能被认可。这较量每天和我们一起长大，在这样的战场里，我们都是冠军，我们更加相爱。

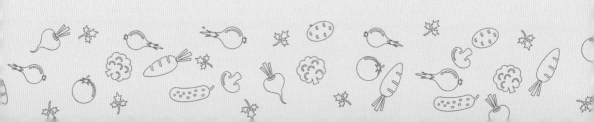

PART 1

泼出来的初识

　　呲啦！菜上桌前那最后一勺热油，往往都是画龙点睛的一笔，给菜增香添色的同时带来一种特殊的声音，吸引的不光是你的鼻子，还有眼睛和耳朵，甚至能打开你全部的胃口，让口水在嘴巴里打转。生活中偶尔也需要一勺这样的热油，给了解不深入的两个人泼上点热油，让温度上升；给已经有点暧昧的一对儿来点热油，把暧昧烫熟了变成爱。

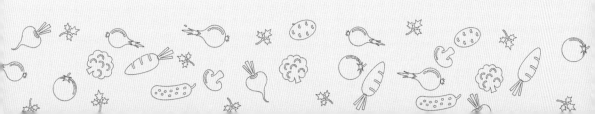

钓鱼钓出来的牵手

鱼头泡饼

大民食材课

说到吃鱼，特别是河鱼，如何做得鲜香不腥是很重要的，鱼头泡饼之所以鲜嫩好吃，烹制前的去腥工作是重中之重！

1. 去除腥线，在鱼鳃后一寸和尾前两寸的地方切开，中央部位会看到白色的腥线，轻拍鱼身同时拉出腥线，鱼的两面都要清理干净。

2. 去除黑膜，在鱼腹腔内的黑膜需要去除，同时刮鳞后鱼体表面的黑膜也要用刀反复地刮除。

3. 去除鱼牙及马鞍骨，将鱼头纵向劈开后，会看到咽喉部的鱼牙，以及一块形似马鞍的骨头，这两部分去除后才能保证烹制出来的鱼头味道鲜美不腥。

❤ 爱の印象 ❤

我俩相识于一个门户网站的美食版块，我在版里是活跃分子，喜欢把吃到的，或是自制的各类美食分享给大家，没多久因为表现突出就成了版主，于是……噩梦开始了！（蓝蓝：什么噩梦！遇到我明明是你上辈子，上上辈子，上上上辈子修来的福气！你连做梦都要偷笑到口水流一枕头才对吧！）

这丫头是个典型的85后北京小妞儿，说话嘴不饶人，要是在版里发了个美食帖，就没完没了地追着我，让我给加精华；说实话，版里美食达人不少，她做的菜虽然看着卖相还不错，但也没到登峰造极的地步，在昧着良心给她加了几次精华之后，我就一步步地走向了"命运的深渊"……

用我的话讲，她人本质不错，但是比较自我，对于这样的人我的原则是最好不远不近，有事儿我可以帮忙，没事儿我也不往前凑；（蓝蓝：你还没凑呢？明明是你上赶着，还不敢承认，你承认了也不会发胖，怕什么啊。）

但是后来几年间眼睁睁地看着她因为性格的原因一次次摔倒，我本着惩前毖后治病救人看到别人摔倒不能袖手旁观的人道主义精神向她伸出了友爱之手……

她拉着我，再没撒开……

　　恋爱方面，我确实不是个行家，第一次约会居然是带她去钓鱼，（蓝蓝：嚯，你还想当恋爱专家，照照镜子看看自己长没长那些个头发。）在钓场的时候我俩应该都不在状态，直到上了鱼我说咱们回家，我给你做鱼头泡饼吃，这才驱车赶往菜市场去买烙饼；下了车，我走在前面，她追上来挽住了我的胳膊，我想说，这时候我才进入状态，在忐忑和兴奋的复杂心情下告诉自己，我俩这算是恋爱了吧！

　　说起鱼头来，还是颇有感触的，记得小时候物资匮乏，家里吃鱼的时候都是把肉留给孩子吃，父母总是吃鱼头；现在物质条件好了，人们开始讲究口味口感，反而开始吃鱼头了，因为现代科学也证明了，鱼头里除了含蛋白质、脂肪、钙、磷、铁之外，还含有丰富的不饱和脂肪酸，它对大脑的发育尤为重要。我挤兑她要多吃些鱼头，不然笨得赶不上时代的脚步，现在她也经常挤兑我，就你聪明，你脑袋上都快没毛了（大民：好吧，我承认我有些脱发，那也是在跟她恋爱之后才开始的！）（蓝蓝：哈哈，承认吧，说实话不会发胖的！）

　　不说头发了，咱们还是聊聊鱼头泡饼吧！

材料

主料：

鲣鱼头 1000g

五花肉 100g

烙饼 200g

配料：　　　生抽 50g

香葱 20g　　老抽 15g

干辣椒 10g　番茄酱 30g

八角 10g　　盐 5g

葱 5g　　　 老汤 1500g

姜 5g　　　 花生油 60g

蒜 5g　　　 青菜 少许

做法

❶ 鱼头洗净，改刀切成两片。把五花肉切成长片，放入盘中待用。煎好的烙饼切成菱形放入另一个盘中。香葱切成 2 厘米的葱段，放入碗中待用。葱、姜切成末，蒜切成蒜片，香菜切段留用。

❷ 在炒锅中倒入花生油，将油烧至六成热，把鲣鱼头下到锅里，炸至鱼头成金黄色，熟透，用笊篱捞出控净油，放入盘中待用。

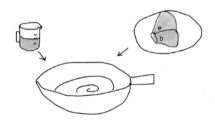

❸ 在炒锅内重新加花生油，把切好的五花肉片放入，再把切好的葱、姜、蒜和准备好的干辣椒、八角等加入锅内，一起炒香。然后加入生抽、番茄酱等再炒两下，把适量的老汤倒入锅里，放入炸好的鱼头，再加入盐、老抽等调料，用大火把锅烧开后，改成小火焖上 20 分钟左右，起锅，装盘。

❹ 把切好的烙饼放在盘的一侧，然后撒上切好的香菜段即可。

大民 tips：

1.可在下油锅前在鱼头表面涂抹白酒，这样做不但可以去腥，而且会让鱼头的香味更有层次感。

2.炒五花肉的时候，煸炒时间略长些，将肉油煸出，八角味道煸香会让整道菜味道更香气浓郁。

3.烙饼用锅烤一下，口感会更酥脆。

4.五花肉不要散乱地放在盘中，可以把它层叠地铺在鱼头上面，可以用黄瓜片在盘边做修饰，也可以用胡萝卜、香菜摆出一个造型来，让这道菜的颜色更加丰富。

大民说

　　一道美味的鱼头泡饼做好了，鱼头肉质软烂、胶质鲜香，泡饼口感酥脆、回味绵长，这么经典的搭配，正如相爱的两人，你中有我，我中有你，在一起就浓情蜜意分不开……

一只羊引起的关注

葱爆羊肉

大民食材课

羊肉对大家来说一点也不陌生，大多数人好这口，有滋补的功效，烹制方法有涮羊肉、炖羊肉、烧羊肉、烤羊肉……当然还有种手法叫做爆羊肉，对羊肉的原料选用和火候有更高的要求。

1. 羊肉最好选用羊后腿肉，俗话说横切牛羊，一定要在切的时候注意刀和肉丝的纹理是呈90度夹角的，否则顺切会让羊肉不易嚼烂。

2. 但凡是爆的菜，一律要大火快炒，家里灶台如果火不够旺，就要在切羊肉的时候尽可能切得薄一些。

♥ 爱の印象 ♥

说起来也巧，在我们还没有交往的时候，大概十年前，第一次一大群朋友出去玩，就是去张北草原骑马＋烤羊肉；淳朴的当地老乡要我们去选羊，她一脸好奇地要跟我一起去，我没说什么，带上了她，事后心里在想：这是怎样的一个姑娘啊，在挑羊到屠宰到分割这一系列血腥的过程中，始终面不改色，按现在的说法不就是个女汉子嘛！（蓝蓝：*那是因为我当时一直闭着眼睛呀！*）这样的姑娘，要么是让人敬而远之，要么就是让人割舍不下……

好吧，我俩真的是实实在在的从开始的敬而远之，到如今的割舍不下，这之间的故事太多太多，咱们一边做菜一边讲哈……

材料

鲜羊后腿肉 400g

大葱 4 根

水淀粉 20g

食用油 40g

香油 10g

酱油 10g

料酒 20g

盐 3g

白砂糖 5g

米醋 10g

做法 🍴

❶ 大葱斜刀切片备用，羊肉切薄片，用水淀粉抓匀并放入盐腌制 10 分钟后倒去多余汁液。

❷ 在炒锅中倒入食用油，待油温升至八成热，放入羊肉片并立即将肉打散，大火快炒至羊肉片变色后放入一半葱片，同时依次放入料酒、酱油、白砂糖，继续翻炒。

❸ 放入另一半葱片，沿锅边倒入米醋，淋入香油起锅盛盘。

大民 tips:

1. 实在对切肉不在行，或者家中灶具火不够旺的朋友，可以在超市购买涮羊肉片替代羊后腿肉，配菜的葱片同时需要切得更薄一些。

2. 葱片分两次放，是为了让不同成熟度的食材在味道和口感上更有层次。

大民说

　　这道菜葱香四溢、羊肉滑嫩，不仅要在爆之前细心上浆腌制食材，更要在炒制的时候掌握好火候，这就如同恋爱一样，既要在生活中的细节上关爱呵护，又要在关键问题上尊重和理解，这样的生活才会甜蜜幸福、持久稳定！

一道苦瓜引发的感动

麻香苦瓜

大民食材课

苦瓜的药用价值很高，可以帮助加速人体排毒，好处多多，但是很多朋友都会觉得苦瓜的味道难以接受；其实在挑选的时候，我们可以通过外观来判断，哪些苦瓜味道更可口一些。首先要尽量挑选个头大的苦瓜，通常超过 200g 的苦瓜，味道就不那么苦。另外，苦瓜身上一粒粒的凸起，颗粒越大越饱满，表明果肉越肥厚，而且口感会比较脆。苦瓜的颜色发黄代表成熟过度，请不要选择。

♥ 爱の印象 ♥

其实，我本来是不爱吃苦瓜的，谈不上多讨厌，但是也绝不算喜欢；但是她第一次吃我做的饭，我却选择了苦瓜来作为凉菜。餐后我们喝着茶聊着天……

蓝蓝：鱼头泡饼好吃，苦瓜也好吃！

大民：你喜欢吃就好！

蓝蓝：当然喜欢啦，你做得好吃而且不苦，关键是苦瓜含有特效的减肥成分，高……

大民：高能清脂素，其主要组成内容是苦瓜苷、α 苦瓜素、β 苦瓜素以及多种氨基酸……

蓝蓝：你怎么也会背这个啊？

大民：以前你提过，知道你喜欢吃能减肥的东西，所以就记住了。

她望着我，眼睛微微闪动，几秒钟的沉默后，她用一个吻奖励了我的勤奋好学和好记性！

（蓝蓝：停，明明是你主动凑过来索吻的呀！）

材料

苦瓜 300g

盐 2g

糖 3g

山羊奶酪 15g

橄榄油 10g

白芝麻 3g

做法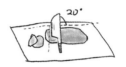

❶ 将苦瓜对半剖开，去掉籽和海绵状内瓤。

❷ 刀与案板呈 20 度夹角斜切苦瓜呈薄片状。

❸ 撒入盐后腌制 20 分钟，挤出多余的水分。

❹ 放入其他调料后码好造型即可食用。

大民 tips:

1. 这道菜想要口感好，必须要切得薄一些，这样用盐腌制后，可以挤出苦瓜汁，这样苦瓜才不会那么苦，而且口感会脆脆的，一些朋友说苦瓜翘翘的不好切啊，我的方法是外皮朝上，切之前一定要用刀把苦瓜拍平一些，哈哈，苦瓜好可怜。

2. 这道菜放奶酪纯是为了迎合她的口味，大家在做这道菜的时候可以将奶酪换成炸辣椒、榨菜丝、任何您觉得搭配可口的东西都可以。

大民说

　　老人讲苦的东西都败火，指的是吃起来口感不好的食物通常都对身体好；我从哲学角度上理解为苦尽甘来，平日里工作压力大，生活节奏快，每个人都有着这样或那样的烦恼和痛苦，不管今晚睡前脑子里有多少事情在纠缠，我都对自己说：明天也许不会更美好，但是美好的明天一定会来到！

一丝丝的奇妙滋味

棒棒鸡丝

蓝蓝营养课

电视里天天广播，鸡胸肉是低热量、低脂肪，而且富含优质蛋白质的肉类。但是鸡胸肉到底哪里好呢？我们来分析看看：鸡胸肉肉质很鲜美，脂肪含量只和海虾相当，去骨去皮鸡胸肉的蛋白质含量达到 30%，特别容易被人体消化吸收利用；而且鸡胸肉的磷脂含量很高，是成长期的孩子生长发育必需的脂类物质；同时鸡胸肉里面钾含量很丰富，钾可以帮助调节体液渗透压，对高血压病人的血压控制有一定好处；此外鸡胸肉还是补充抗氧化剂硒的很好来源。我国中医认为鸡胸肉具有：温中益气、补虚填精、健脾胃、活血脉、强筋骨、添精髓的功效；这么看来鸡胸肉真的可以成为我们餐桌上优选的肉质品。

❤ 爱の印象 ❤

和大民谈恋爱的时候，经常满世界下馆子吃饭，婚后就自己在家做得多一些。还记得恋爱时候我第一次给他做的凉菜就是这道棒棒鸡丝。做的原因我还模糊记得是因为上一周的周末他带我去吃川菜，其中的麻辣棒棒鸡丝让我们两个都赞不绝口。那时候的我真的是很有进取心啊，非要回家研究明白了做给他吃。上网查做法，和我妈妈请教酱汁的配料，问爸爸鸡肉该选哪块好，吃饭后的第二个周末我就拿着做好的一大盒子棒棒鸡丝杀去找他点评了！

无奈，黄瓜丝被腌了一路，到了中午他吃上时已经不是那个味道了。而且麻酱汁调得特别稠，根本搅和不开，全坨在一起了。我这甜食控还放了太多糖进去，麻辣的味道也不足，总之一句话，就完全不是那个味儿！

大民这点挺好，再不是那个味道，也默默地吃。（大民：这点很重要，直到现在我还保持着这个优良传统！婚前是照顾她情绪，婚后是照顾我的屁股……）但是看他吃得那么痛心疾首，我真心不服啊，别人能做得那么好吃，我也行，就凭我这满腔的爱还做不好一个棒棒鸡丝吗？我就不信了！做，改，吃，不行；再做，再改，再吃，又不行；那就还做，还改，还吃，终于行了！就是这个味道！

　　虽然和餐厅吃的有些许差别，但是自己做的好像油更少了，而且味道也更适合。这不是很好？！爱情的力量啊……真是巨大的！一个女厨师就是这么锻炼出来的！

材料

鸡胸肉 120g   花椒粉 5g
大葱 1/2 根   水 15g
姜 2 片   大蒜碎 10g
黄酒 10g   芥末油 2g
黄瓜 100g   辣椒油 15g
胡萝卜 50g
木耳 50g   香葱末 /
芝麻酱 15g   小红辣椒末
生抽 15g   适量（装饰用）
醋 5g
糖 5g

做法

❶ 大葱切段，烧一锅热水，水开之后下入新鲜的鸡胸肉、大葱段、姜 2 片、黄酒 10g，大火煮开转小火煮 10 分钟，然后关火闷 10 分钟。

❷ 黄瓜、胡萝卜、木耳切丝，木耳单独焯水烫熟，全部装盘备用。

❸ 把芝麻酱 15g，生抽 15g，醋 5g，糖 5g，花椒粉 5g，水 15g，大蒜碎 10g，芥末油 2g，辣椒油 15g 调制成一碗料汁备用。

❹ 煮熟的鸡胸肉捞出，盖好盖子放至常温状态，然后用手顺着鸡肉的纹路撕成粗细均匀的鸡肉丝。

❺ 撕好的鸡肉丝码放在装盘备用的配菜上，撒上香葱末和小辣椒碎末，再淋上配好的料汁就好了。

蓝蓝 tips:

1. 鸡胸肉要选冰鲜的，冷冻的鸡胸肉比较干，做出来的鸡丝不好吃。

2. 鸡胸肉特别容易熟，煮得太久了肌肉间的水分就都煮没了，也不好吃，所以采用煮到 7 分熟，再用热水的余温把它闷熟的办法，这样鸡肉不会干干的味同嚼蜡。

3. 配菜我选了三种来均衡营养，你也可以换成你更喜欢的其他配菜。

用酱油书写你的名字

花式卤蛋

蓝蓝营养课

鸡蛋，一种我们经常食用的食材。鸡蛋，是一枚单细胞的看似简单其实营养全面的食物。因为它是单细胞，所以患有痛风的病人可以放心地食用，不用担心嘌呤过高的问题；一枚鸡蛋里面有 200 ～ 300mg 的胆固醇，胆固醇还可以帮助我们合成身体必需的胆汁、维生素 D 等物质；同时鸡蛋里面还有帮助合成血红蛋白的二价铁离子，这是一般蔬菜里没有的哦。鸡蛋真是很好！鸡蛋的吃法多种多样，怎么吃最好呢？我的回答是煮鸡蛋。但是不是所有的煮鸡蛋都好。咦？是不是觉得我说的很矛盾？经常在家煮鸡蛋的人都会发现，当鸡蛋煮久一点就会在蛋黄和蛋清接触的蛋黄边缘形成一层灰绿色的蛋黄。这就是我说的煮鸡蛋里不好的东西啦！它就是硫化亚铁（FeS）。硫化亚铁的出现会大大地降低鸡蛋里铁的含量，同时硫化亚铁也影响人体营养素的吸收。

所以，煮鸡蛋的原则就是刚刚熟最好，时间久了反而不好。一切都要刚刚好才是真的好。到底怎么煮？来和我学学吧。

♥ 爱の印象 ♥

卤蛋，茶叶蛋，这是妈妈最常做给我的早餐食物之一。我也同样想做给我爱的你吃。

大民很早就独立出来自己过了，早饭是我最最担心他吃不好的一顿饭。他特别"事儿妈"！（大民：请注意你的措辞！明明是"事儿爹"！）每天都要求早晨吃鸡蛋来补充上午需要的营养，还总是念念有词：面包是碳水化合物，火腿是蛋白质和脂肪，还有青菜也要吃，这样维生素才全面，可是这些还不够！每天都很辛苦，还要一个煮鸡蛋才能补充全面的蛋白质需求的，所以早晨我要吃一个煮鸡蛋。

恋爱中的我总是想要尽力满足他对吃的需求，白水煮蛋味道太单调了怎么办？卤蛋！卤蛋最棒了！有味道的鸡蛋，而且蛋清因为卤水的盐分变得很紧致，蛋黄沙沙的也滋味十足！白水煮鸡蛋这件事情他自己也能做啊？怎么能体现我对他的爱呢？更何况我最不想每天都早早起来煮鸡蛋怎么办？卤蛋！卤蛋有咸味，一次做好几个放到冰箱能冷藏1周不会坏。真是动动脑子就解决大问题啊，哈哈。

　　于是我就每个周末给他煮6个，做好了带给他，这样他每天都能吃到我亲手做的卤蛋啦！光好吃不行啊，还要好看，而且吃的时候要想到我！怎么办？把我的名字印上去。这样每天吃的时候看到的是我的名字，吃到的是我煮出来的滋味，心里也会更爱我吧。哈哈，我真是天才少女啊。

　　这样的女朋友，想不爱得更多一点也不行啊！是不是呀。

材料

鸡蛋 6 个
香菜叶子和油菜叶子 各3枚
卤水 1 锅
纱布 6 块
细线 6 根

做法

① 鸡蛋洗干净在室温的环境放置 30 分钟，烧
一锅清水，水沸腾下入鸡蛋，大火煮 6 分钟，
然后马上捞出放到冷水里，冷却后剥去鸡蛋
皮备用。

② 油菜叶子用小刀刻成英文字母或者其他喜欢
的文字，香菜叶子选厚的老的，去梗只留上
面的叶片。

③ 把切好的字母贴到剥好皮的鸡蛋上，然后用
纱布包裹紧实，用细线扎紧。

④ 卤水烧开放到室温，下入包好纱布的鸡蛋，
放到冰箱里冷藏浸泡 12 小时。

⑤ 捞出鸡蛋，去掉纱布和上面的菜叶子，被叶
子遮挡的部分就能看到文字啦。

蓝蓝tips：

1. 卤水的制作可以按自己的喜好来调制，我家一般多是：水 500g，老抽 20g，生抽 30g，香叶 1 片，花椒 10 粒，辣椒 1 个，桂皮 1 小块，八角 2 个，冰糖 15g，盐 5g 一起煮成卤水。

2. 一锅卤水泡过鸡蛋不要浪费，再加热到沸腾，冷却后放到冰箱冷冻能保存 1 个月，可以备为他用。

3. 鸡蛋上的花纹，是因为菜叶子阻挡了卤水，所以被覆盖的部分颜色会比较浅。所以选择的叶子也很重要，如果菜叶子太薄太大，就不能留下清晰的花纹了。

4. 煮鸡蛋的时间请根据鸡蛋的大小调整，小的少煮 30 秒，大的多煮 30 秒，如果觉得掌握不好时间，就先煮一个看看生熟程度吧。

一杯茶让你记住我

蜂蜜柚子茶

蓝蓝营养课

柚子茶是最近几年特别流行的一种秋冬饮品。主要的成分是柚子皮，柚子肉和冰糖。这次就着重夸夸柚子皮。柚子皮，这种经常被我们忽视的好东西。它里面含有橙皮苷，柚皮苷，可帮助降低血黏度，减少血栓的形成，因此对脑血管疾病也有一定的预防作用。柚子皮里的芳香烃类物质，这就是我们经常说的柚子精油的来源，它能挥发出清新好闻的味道，这种味道能促进食欲，同时可以调理胃肠功能，帮助我们更好地消化食物，而且如果秋冬季节容易咳嗽、有痰，用一点柚子皮泡水也能帮助缓解咳嗽痰多的症状。

❤ 爱の印象 ❤

柚子茶，大民收到的来自我的第一份食物。这份食物，因为太珍贵，完全不舍得拿来喝，只会每天打开看看，然后深藏在冰箱里放到发霉……

那个秋天，我还是个懵懵懂懂的女学生，他也还是个有满头乌黑浓密秀发的小伙子。大学时候的我，每天也在倒腾着要吃什么，周末回家会做各种甜点和零食，然后周一带到学校和大家分享。那时候做 "好吃的" 的热情比现在还要高涨。那时候他还没有糖尿病，还可以享受我做的各种甜点和零食。那时候他还没有车，会坐好久的公交车来学校找我，请我吃饭和唱歌，可怜的学生妹没钱（大民：什么没钱，从开始你就只舍得给自己花钱，而且还大手大脚的好不好？！），只能是做了一大瓶柚子茶给他作为感谢。

我还记得做那份柚子茶的心情，从超市扛回来一个巨大的柚子，仔细地洗干净，把皮削到最薄，生怕厚了会有太多柚子的苦涩味道；柚子肉掰开一块又一块，总觉得还不够，是不是要再加一点才能更好吃；熬的时候不停地翻动锅铲，调整火候，可别糊了，也别熬得太过了以免影响口感；糖要不要再来点？够甜加了水才会不觉得酸。

　　这样的 1 瓶柚子茶，我抱在怀里，笑容灿烂地交给了他……（大民：在接下来的半年内，我每次打开冰箱门脑袋里都在复制着你当初那灿烂的笑！）

材料

柚子 1 枚
冰糖 150g
蜂蜜 100g
盐 适量

做法 🍴

❶ 柚子用刷子刷干净，然后用盐搓洗表皮，反复用水冲洗。

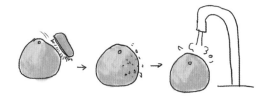

❷ 用削皮的刨刀把柚子外面黄色的一层皮削下来，厚度 3 ～ 5mm。

❸ 削下来的柚子外皮切成 2mm 宽的丝，然后泡在清水里 20 分钟。

❹ 半个柚子的柚子肉剥皮，顺着柚子肉的纹路掰成 1cm 大小的小块。

❺ 炒锅烧热，加入柚子皮和冰糖，中火熬到柚子肉内的水分流出来。

❻ 加入切好丝的柚子肉，转小火熬到黏稠，关火，冷却到室温后加入蜂蜜搅拌均匀。

蓝蓝 tips:

1. 柚子的大小不一样，酸甜也不一样，冰糖和蜂蜜的分量酌情调整。但是冰糖一定不能省略，能不能熬成酱就都靠它了。

2. 所有的苦味都在柚子皮里，如果你真的特别怕苦就把柚子皮丝焯水 5 分钟，但是焯水的同时，柚子皮里的"好东西"也跟着一起跑掉了哦。

3. 柚子茶的黏稠度怎么控制，一般要熬煮 15 ~ 20 分钟，然后用勺子舀起来一点汤汁，冷却下，能看出是糖稀的感觉就可以了。

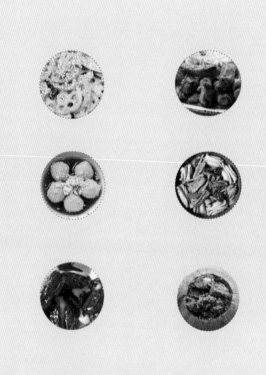

PART 2

滚在菜园的热恋

　　嗨，快来，这里的南瓜熟了！把它们带回家我们做好吃的。菜园，我们恋爱时去的最多的地方。清明前后，我们去享受播种和灌溉的乐趣，期待这一年能收获多多；芒种时节，我们和阿姨伯伯一起去除虫施肥、顶着正午的烈日摘黄瓜、抽蒜薹；秋分到了，看着满园的果实然后再贪心地种下大白菜等待入冬前的收割；最后霜降来了，我们第一时间赶去挖红薯！绝对不能错过这一冬天的甜蜜。你们的恋爱宝地在哪儿?

帮塘主打工换晚饭

金平藕片

蓝蓝营养课

　　莲藕，我特别爱吃的一种蔬菜，也是素菜馆里点击率很高的菜品之一！莲藕富含丰富的铁元素，并且铁的人体吸收率很高。它的含糖量相对低，同时含有膳食纤维，可以促进肠道蠕动，对便秘有一定的缓解作用。莲藕富含大量的维生素 C，维生素 C 有抗氧化和促进胶原蛋白合成的功效，所以爱美的姑娘和小伙儿不妨多吃些莲藕。《本草纲目》中这样夸奖莲藕："藕节止血；莲心清热，安神；莲须固精止血；莲房止血，祛瘀；荷梗通气宽胸，通乳；荷叶清暑，解热；荷蒂安胎，止血；荷花清暑止血。"哇！这莲藕一家子全是宝贝哦。因为莲藕生长在水里，又产在秋冬，多吃一些可以帮助清肺火，缓解痰多咳嗽，就算每天喝点莲藕水都可以有一定的辅助疗效。

　　有天晚上看了农业频道关于莲藕种植的节目，晚上和大民煲电话就迫不及待地要求去藕塘挖藕！这事说了不能等，周末他就开车带我去郊区的藕塘挖藕了。藕好吃，却真心不好挖！听起来只有 30cm 深的泥塘没什么可怕，但等到真的穿上大胶鞋，戴上大胶皮手套站在泥塘里就寸步难行了。

　　蓝蓝："塘主，先帮我把这片荷叶砍了，然后这藕要顺着生长的方向拔出来，胳膊不能使太大劲，主要是靠腰的力气把它拉出来，麻烦你帮我看看离我最近的那根藕是怎么长的，我帮你把这片儿藕都清出来。"

　　塘主："行啊小姑娘，还知道藕要顺着生长方向拔，你家里种过藕吗？"

　　蓝蓝："呃，没种过，但是我看电视里说的要这么拔。"

　　大民："看看，你就是个理论大师，实操的事儿还是不灵！"

蓝蓝："哥，还能愉快的聊天吗，晚上还能愉快的做饭吃饭吗？"

大民："好好，你是理论实践双料大师，这样的粗活儿还是我来吧！"

因为有我精彩的指挥，塘主专业的帮助和指导还有大民傻卖力气拔来拔去的共同努力，在陆续拔断了5根莲藕之后，终于有一根完整的莲藕被拉了出来！真是太不容易了！（大民：你每次都英明神武的动动嘴，怎么对得起我那一屁股泥？！你也大冬天穿短裤回家试试？！）

塘主看在我指挥到位，理论精准，大民言听计从、任劳任怨的情况下，拔断的藕都送给我们了，只收了整根的钱。哈哈！真是太棒了，早知道就都拔断好了……（大民：人家明明是怕祸害，想早点打发咱们走，好自己趴藕塘边儿上哭，好吧！）

材料

莲藕 200g
香油 10g
酱油 10g
味淋 5g
炒熟的白芝麻 适量

做法

① 莲藕去皮，然后切 3 ～ 5mm 厚的片，泡在冷水里防止变色。

② 另烧一锅热水，下入切好的莲藕片中火煮到莲藕片变透明，捞出备用。

③ 炒锅烧热，加入香油后马上放入焯过水的莲藕片，翻炒 20 秒，加入味淋和酱油稍微炖煮 1 分钟。

④ 收干汤汁，关火，加入炒熟的白芝麻搅拌均匀即可。

蓝蓝tips:

1. 莲藕不能切得太薄，不然煮了再炒就不脆了，这道菜吃得就是脆脆的口感。

2. 如果没有味淋，可以用 5g 白糖和 5g 黄酒拌匀替代，味道也是很好的。

3. "金平"是日式料理的一种烹饪手法，一般使用胡萝卜、莲藕等材料，切过丝后用酒、糖、酱油等调味料拌炒，这道菜中把莲藕替换成牛蒡、山药还可以做出更多的"金平"菜肴。

走，我们挖地瓜去

红薯糖不甩

蓝蓝营养课

甜甜软糯的红薯，是秋冬季节大家都爱吃的食物之一吧？营养学家用"营养最均衡的食物"来称赞红薯，红薯也真的当之无愧。它里面含有膳食纤维、β-胡萝卜素、维生素 A、维生素 B、维生素 C、维生素 E 以及钾、铁、铜、硒、钙等 10 余种微量元素，其中 β-胡萝卜素、维生素 E 和维生素 C 尤多。其所含的大量膳食纤维还可以促进肠道蠕动，帮助缓解便秘的症状。特别值得一提的是红薯还含有丰富的赖氨酸——人体的必需氨基酸之一，而被精加工的大米、普通面粉、玉米等我们经常食用的主食恰恰缺乏赖氨酸。红薯与米面混吃，可以让我们的膳食结构更合理。

我们要是每天都在一起就好了！我不要每天都煲几个小时的电话粥，手机会坏得更快；不要你只送我到家门口，在独自开车回家的路上要不停抽烟才能不困；也不想只有周末才可以见面，却任由太阳扯着幸福的时光一起下山，把明媚变成黑暗；更不想你总是加班到黑眼圈，身边却没有我来照顾陪伴！（大民：事实证明，那段时间是最甜蜜的，热恋中不分彼此，恨不能长在一起；现如今，她练成了"佛山无影脚"，而我，学会了"乾坤大挪移"！）

怎么办？怎么办？！我就好像是个吃多了煮红薯的人。吃的时候甜甜蜜蜜，但是进到胃里面就开始反酸。

什么？什么？这周末不加班？我们去挖红薯？然后还用落叶烤红薯？那不是要实现动画片里的情景啦！欧耶！大民你太棒了！

红薯好吃但是不好挖。一锄头下去，就被我挖烂了好几个。看着可怜的被我拦腰切断的红薯在地里打滚，我心疼得眼泪都要下来了。去问在一旁劳作的大哥，他一铁锹下去，全是完整的红薯！羡慕的我们呀！赶快去问原因，原来要和土地成一定角度挖下去才能把红薯完整地挖出来。这样呀！学会了赶快安排大民去实践，我在旁边指挥。（大民：大家看出来了吧？！我俩分工真和谐哈，她就是我俩的总设计师！）哈哈，秋天，他挖得挥汗如雨，我笑得花枝乱颤。周末就是要这么开心，一起挖出来的红薯也变得格外香甜。

材料

糯米粉 100g
红薯 150g
水 适量
红糖 50g
花生碎 10g
熟的白芝麻 5g

做法

① 红薯切小块蒸熟，然后加入糯米粉，混合成面团，如果觉得有点硬就稍微加入一点水，面团的硬度最好和橡皮泥一样的手感。

② 红薯面团静置醒发 15 分钟，然后搓成直径约 1cm 的圆球。

③ 烧一锅热水，水沸腾下入搓好的红薯球，中火煮到红薯球浮起来，捞出备用。

④ 红糖加水熬成糖水，倒在捞出的红薯球上，再撒些花生碎和熟的白芝麻装饰。

蓝蓝tips:

1. 一般的糖不甩是用纯糯米做的，老人小孩吃后不容易消化，加了红薯进去就能解决糯米不容易消化的问题。

2. 红薯也可以换成紫薯、山药、芋头等你喜欢的根茎类蔬菜，让这道小甜点吃得更健康。

3. 红糖是极好的，如果不喜欢红糖的"中药味儿"，换成片糖或者二砂糖也是可以的。

大枣好吃不好摘

糯米枣

蓝蓝营养课

鲜枣，中秋节前后我们经常能在市场看到的一种鲜果。普通晒干的大枣我们都吃过，也知道它的好处，那鲜枣到底怎么样呢？

我们都称赞猕猴桃是水果界"VC之王"，殊不知新鲜的大枣才是当之无愧的"VC之王"！100g新鲜的猕猴桃含VC 60～200mg，新鲜的大枣含VC 200～500mg！这个差别是惊人的。中国营养膳食指南推荐每人每天需要摄取100mgVC，也就是只要每天吃一把新鲜的大枣，就能满足一天的需要啦！

VC，帮助胶原蛋白形成的最重要的物质，每天保证VC的一定量摄入还能提高机体的免疫力！不光是VC，新鲜的大枣里含有的钾、锌和铁等矿物质元素的含量也是水果里的翘楚。

所以，秋天来了的时候，在忙着吃苹果、石榴和葡萄的时候，别忘了来上一把大枣，可以让身体更健康，皮肤更美丽！

♥ 爱の印象 ♥

"老公，你爬过树吗？"

"爬过啊，我小时候住的地方挨着一条河，河边种了各种树，夏天的时候我们就上树捉知了，还会翻墙到工厂大院捉迷藏。"

"哇！真厉害，那你帮我上树摘枣吧！"

"为什么要上树摘啊？我小时候都是用竹竿打枣，一个人负责打，另外几个人负责树下捡。"

"这你不懂了吧，打的枣掉下树就摔烂了或者摔裂开了，那多脏啊，而且不分生的熟的一竿子打下来了，多浪费啊。摘好啊，挑最好的摘，生的多长长，而且不会摔烂了，每个打下来的枣都是完美的，还干净，最重要的是还锻炼了你攀爬的能力，可以多锻炼身体！一举多得！走，上树摘枣去。"（大民：这是她的神技能之一，任何她想做的事儿都能摆事实讲道理苦口婆心滔滔不绝！）

"亲，你是生下来坑我的吗？"

于是，那个仲秋的周末在我的威逼利诱下，我们去郊区摘枣了。但是枣树真没想得那么可爱。树枝上竟然有刺，而且高度很尴尬，枣园里也没有合适的梯子可以让我们爬树摘枣，于是摘枣的梦想破灭了，最后还是打了一大口袋回来。

不过不管怎么样，枣还是弄回家了。新鲜的大枣真好吃啊！甜甜的，酥酥的。吃不完的就都晒起来做干枣吧。自己辛苦搞回来的一个也不能浪费哦！

材料

大枣 30 个
糯米粉 100g
清水 适量
蜂蜜 适量
白芝麻 适量

做法

1 大枣洗干净外皮，去掉枣核，然后放到温水里浸泡 20 分钟，泡好的大枣用剪刀剪开一边。

去核后

2 糯米粉加入适量清水揉成面团，软硬度类似橡皮泥就好。

3 把糯米团搓成一个个类似枣核形状的面团，再塞回处理好的大枣内。

4 蒸锅上汽，把填好糯米面团的大枣放到蒸锅里，中火蒸 10 分钟左右。

5 10 分钟之后取出大枣，等温度稍微降低点缀上蜂蜜和白芝麻就好了。

蓝蓝 tips：

1. 大枣要挑选皮色紫红，颗粒大而均匀、皱纹少、痕迹浅的，这样的大枣皮薄核小，肉质厚而细实；如果是皱纹多、痕迹深、果形凹瘪，则说明是由肉质差和未成熟的鲜枣制成的干品。

2. 快速去枣核的小窍门：取一只清洗干净的笔筒对冲大枣的底部插进去，用手不停左右旋转笔筒逐渐将枣核顶出。这样既快捷又能保持大枣的完整形态。

3. 可以把蜂蜜换成桂花酱、蓝莓酱或者玫瑰酱，都很好吃哦！

来自大荒漠上的辣椒

虎皮尖椒

蓝蓝营养课

青辣椒是我们经常会吃到的一种蔬菜，它和干的红辣椒比，营养成分上的差别还是挺大的。青辣椒的辣度相对干辣椒比较低，其中含有丰富的维生素 C、β-胡萝卜素、叶酸、镁及钾；其中的辣椒素还具有帮助抗炎及抗氧化，有助于降低患心脏病、某些肿瘤及其他一些随年龄增长而出现的慢性病的风险。大量的辣椒素会刺激口腔，食道和肠胃黏膜，不过青辣椒里少量的辣椒素却可以促进口腔里唾液的分泌，促进胃酸分泌和肠道的蠕动，从而达到开胃消食的作用。如果你的肠胃不能适应太多的辣椒素，那不妨吃点青辣椒，微微的辣度，也能达到一定的食疗保健的作用。

因为工作的机会，有幸到阿拉善，一个美丽的地方出差，出差也不能忘记去菜园子里"打滚"。我在阿拉善工作的同事有一块属于他们的自留地，里面种了各种瓜果蔬菜，我去的 8 月正是辣椒成熟的季节。大西北的辣椒和云贵川的差别还是很大的，西北的辣椒更大、更红、果肉更薄，辣度还在但是香气更重！让人馋得走不动路。（大民：看出来了吧，列位，辣椒都能馋得她走不动路，她是有多馋啊！）

想起同样嗜辣如命的大民，我还是决定不远万里地扛一口袋辣椒回去！到底该摘什么样子的？什么样儿的辣？什么样儿的不辣？什么样儿的适合炒着吃？什么样儿的适合晾成干辣椒？这些我统统不知道。好在有可爱的同事姐姐，她一点点地讲给我，颜色浅的一般不辣，深绿色的摸起来薄且有点软的特别辣，完全变红的适合晾晒成干的，如果我想带回北京吃，那一定要挑硬一点儿的，绿色浅的才好。真是好姐姐，我们最后竟用她的名字给辣椒命名了，戏称这些辣椒叫"红霞牌"辣椒。

辣椒扛回家，我迫不及待地给大民做了一份虎皮尖椒！那个酸爽，那个辣度，再配上那个葱香！配米饭可以吃上两碗，配面条也可以吞下一大盆面条。辣辣的怎么吃都好吃。对于我从阿拉善扛辣椒这种行为，大民有点心疼，但是也表示太好吃了，如果有下次记得再带一点儿回来哈。

不远万里来的美食，不管是什么，都能让我们幸福。

材料

青辣椒 8 个
大葱 1 根
酱油 30ml
醋 40ml
糖 20g
食用油 20ml

做法

① 青椒切 5cm 左右长的段，葱斜刀切 1cm 左右厚的段，备用。

② 炒锅烧热，加入食用油，把切好的青辣椒下进去，中小火煸炒到青辣椒变色，表皮出现焦黄的虎皮。

③ 加入葱段转大火，煸炒 2 分钟。然后加酱油、糖，盖好盖子小火煮 3 分钟，出锅烹醋，醋味儿挥发 20 秒后起锅。

蓝蓝 tips:

1. 虎皮尖椒特别重要的配菜就是大葱！千万别吝惜大葱，葱香味够浓才好吃。
2. 炸虎皮尖椒是有窍门的，辣椒一定要擦干水分，然后锅烧要足够热，下进去，炸一小会再转小火，中间不要频繁翻面，一面炸好再翻另外一面。几分钟之后虎皮就出现了。

热热闹闹就是它

东北一锅出

大民食材课

东北菜粗犷豪放分量足，虽外形粗糙不似江南美食之细腻，但颜色厚重味道浓郁令人食指大动大快朵颐也浑然不觉形象不佳，以一锅出为例，其实锅里的食材还是较多变化的，无论是主菜中的五花肉、排骨，还是配菜中的土豆、豆角、玉米，抑或是主食中的烀饼、大饼子、焖面、卷子，皆可由您的口味喜好来决定！

♥ 爱の印象 ♥

我的工作性质决定了每年都会出差，大江南北哪里都跑；而她也会在方便的时候随我一起去各地，充当小秘书。一次在广州，她在街头拉着我不走了，看着一团毛线傻乐……而后，在东北寒风凛冽的街头，我围着超长的毛线围脖，像个水管子一样戳在原地，接听着她的电话，望着北京的方向傻乐……（蓝蓝：话说，那几天我可没少打喷嚏呀！）

材料

肋排 400g	姜 15g
豆角 150g	蒜 15g
土豆 150g	盐 6g
胡萝卜 80g	黄豆酱 50g
面 250g	生抽 20g
水 150g	干辣椒 4 枚
食用油 30g	花椒 10 粒
大葱 25g	大料 2 个

做法

① 豆角去筋掰成段，土豆、胡萝卜切滚刀块，大葱切段备用。

② 排骨洗净放入黄豆酱、生抽和部分葱段充分腌制。

③ 热锅凉油，油温 6 成热时放入葱、姜、蒜、花椒、大料、干辣椒爆香，随后放入腌好的排骨，翻炒变色后，放入豆角段，待豆角段变色后放入切好的土豆块、胡萝卜块，然后加入清水没过食材，大火烧开后转中火盖好锅盖炖煮 30 分钟左右。

④ 和面的水加入少许盐，和好面将面擀平后抹少许食用油，随后卷成卷筒状，切为宽段，用筷子在中间压一下备用。

⑤ 在锅里汤汁还剩一半做的时候，翻动一下让食材入味均匀，同时在锅沿放入卷子，盖好锅盖焖煮 10 分钟即可。

大民 tips：

豆角也可以选用东北产的油豆角，筋少容易入味，口感好；她不喜欢满是汤汁的玉米，所以我没放，因为现在大家使用电脑比较多，所以我加入了胡萝卜，如果喜欢更有层次的口感，也可以把普通排骨换成有脆骨的胸排，让美味加倍。

大民说

　　第一次去见她父母的时候，是在南城的平房小院儿，当时除了她父母，还有奶奶、大姑和大姑父，老姑和老姑父，表哥和未婚妻，这一大家子，大家热热闹闹地在一起，有陪老人打牌的，有忙活着准备饭菜的，我想帮忙却被推到了院子里喝茶聊天。看着庭院里枝叶繁茂的老树我想……有家人的地方，才是家！

用我的味道吸引你

南瓜粉蒸排骨

大民食材课

想要营养健康还能满足口味需要，这道菜中的排骨要选用肋排，带脆骨的部分较多最好。只要腌制和蒸制的时间够长，不但肋排软烂易消化，而且会有南瓜的清香味道，而南瓜本身也能保护胃黏膜，并且可以促进胆汁分泌，帮助肠胃消化，真是解馋而又健康的一道菜啊！挑选排骨的时候请注意，肋骨截面接近圆形的是比较嫩的猪，如果肋骨的截面扁平，那就是饲养时间较长的老猪。

♥ 爱の印象 ♥

她一直都挤兑我说：你的鼻子不好使，电梯里有人抽过烟你不嫌味，楼道里有别人家炸鱼的味道你不嫌呛，你还要鼻子干吗？

我抱着她说：我能闻到你的香就好啦！你走哪儿我都能找到你！她瞪大了眼睛看着我：可你是臭的，我多吃亏啊！

我笑得弯下了腰，就是这样啊，你那么香才能配上个臭臭的我，你说我这个臭是有多让你喜欢啊？

她拍着我的光头，喃喃道：是啊，臭的，可是我喜欢你的味道，特别特别喜欢……

（蓝蓝：万能的主保佑你快变得和我一样香吧。）

材 料

南瓜 一个　　料酒 15g
肋排 400g　　葱末 5g
糯米 100g　　姜丝 5g
生抽 25g　　白砂糖 5g
盐 3g

做法

❶ 肋排切为寸段，用盐、白砂糖、生抽、料酒、姜丝、部分葱末腌制 15 分钟备用。

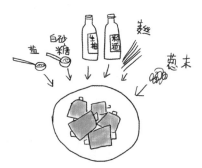

❷ 热锅不放油，将糯米放入炒制到变黄，并擀碎为米粉，均匀搅拌在腌制的肋排上。

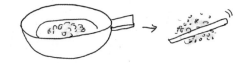

❸ 大火蒸制肋排 30 分钟。

❹ 将南瓜顶部切下留用，去掉南瓜子，将瓜肉用勺子挖松软，把蒸好的排骨放进去一起与瓜肉拌匀。

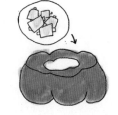

❺ 盖上南瓜顶部当盖子，上锅蒸制 20 分钟至南瓜熟透，将剩下的葱末撒在肋排上即可。

大民 tips：

1.炒制米粉的糯米，也可用普通大米代替，如果觉得炒米粉比较麻烦，也可以在超市购买现成的袋装的米粉。

2.南瓜子不要丢弃，将洗净晒干的南瓜子炒熟也是一道很好的小零食。

3.适量食用南瓜子可以有效预防前列腺疾病，且可帮助治疗此类疾病。

大民说

其实每个人都有自己独特的味道，那不是常用洗发水的味道，也不是钟爱香水的味道，就是你自己独有的特殊的和其他人不一样的味道！就好比你爱爬山，我爱吹海风，你乐享繁华，我倾心平静；我们每个人都需要有自己的味道，也同时需要接受别人的味道，才构成了这个繁华的世界，每个人都有自己的味道，在这个繁华世界，才能拥有自己的精彩！

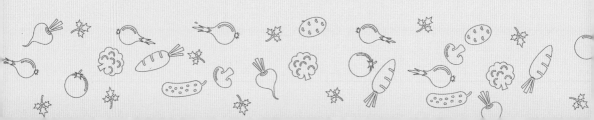

PART 3

"酱" 过要学会改变

酱，一种味道浓厚的调味品。南北方的酱差别很大，北方人会用黄豆或者面粉做酱，色重味浓；有的少数民族用辣椒和鱼产品做酱，酸辣鲜美；南方人也用黄豆做酱，虽然酱色浅淡却格外鲜甜。我们的生活，就好像一缸等待发酵成熟的酱，需要酵母菌的调和才能让看起来普通的食材发酵出别样的风味。你准备好做这样的酵母菌了吗?

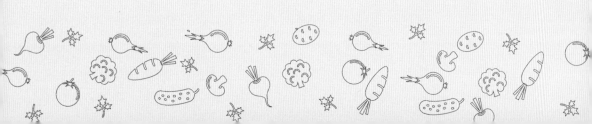

"酱"！"酱"！"酱"！你就犟吧

炸酱面

大民食材课

酱，有好多种；不论是四川的郫县豆瓣辣酱，还是东北的大酱，或是北京的甜面酱，都是经过发酵出来的。古时候酱是以肉为原料制成一种糊状主食，到周代的时候，人们发现草木之属都可以作为原料来使用，随着技术的不断创新发展，现在的酱成为了一种调味品。

♥ 爱の印象 ♥

　　蓝蓝特别喜欢给我起外号，第一次去海边，看着夕阳我说，这好像个鸭蛋黄儿啊，然后我就成了"黄儿哥"；对着镜子里我日益稀少的头发，我又成了她口中的"秃桑"；这不，带着她父母，我们四个人去度假，她闲极无聊的又给我起了个外号：麻酱（将），（蓝蓝：这怎么是外号，这是爱称！爱称啊！！）因为她说四个人在一起正好打麻将，我在被她打的时候，她看我缩在墙角无力反抗，还解释说；因为你面，所以打了麻将，我们就可以吃麻酱面啦！我哭喊：北京人不是吃炸酱面的嘛！（蓝蓝：哥，你看，你这样一个普通人被我用传神的一个爱称就形容得超凡脱俗了，你要感谢这些爱称呀。）

材料

五花肉 200g	葱末 10g
黄酱 100g	姜末 5g
甜面酱 50g	黄瓜丝 30g
面粉 200g	豆芽 30g
凉水 100g	黄豆 30g
盐 2g	青豆 30g
食用油 75g	萝卜丝 30g

做法

① 做开水，将豆芽、黄豆、青豆焯熟后取出，水留着备用；甜面酱、黄酱和生抽在大碗里混合均匀。

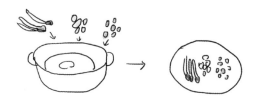

② 热锅凉油，五花肉切小丁下锅煸炒，肉变色放入葱、姜末，混合好的酱料小火翻炒10～15分钟，当锅内的酱和肉的混合物减少到原来的一半，即可关火，炸酱就好了。

③ 面粉里加入盐，加入凉水和成面团，用擀面杖擀成薄片，切成3mm宽的面条。

④ 煮面，面条煮好，酱用大火收汁，面上码放好黄瓜丝、萝卜丝、豆芽菜、黄豆、青豆，浇上炸酱搅拌均匀即可食用。

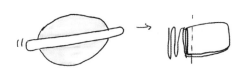

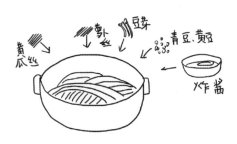

大民 tips:

1.煸炒五花肉丁的时候，可以把肥一些的先放入煸出油，再放入剩下的部分，这样肥肉的油脂被煸炒出来，瘦肉又不会太硬，味道会更好。

2.手擀面放盐主要是为了让面更筋道，面团和硬些口感好，水可以酌情减少。

3.实在不喜欢自己和面的朋友，可以直接在超市买切面哈。

大民说

　　在一起一段时间后，两个人的个性逐渐就显露出来了，谁都会有心情不好情绪不稳定的时候，有时候你明知道她就是在跟你犯犟，就是不讲理，就是要跟你鱼死网破的较劲，那怎么办？酱？酱多了咸，咸就多喝水呗；她犟，你也犟，那就一损皆损两败俱伤，你要做水，包容她，冲淡她的犟，有那么一句话，我跟她共勉：犟过之后，要学会改变！

肉食动物的福音

黄金蹄髈

大民食材课

蹄髈，其实就是北方人口中的肘子，大概是她觉得这么叫起来更肉乎乎有质感一些吧，这蹄髈分前后，前蹄髈瘦肉含量高，胶质重，筋多皮厚，烹制起来肥而不腻、十分解馋，而后蹄髈皮老且韧，并且结缔组织多，所以用同样的烹制手法，前蹄髈的口味口感会更佳。

❤ 爱の印象 ❤

蓝蓝曾经问我：你觉得什么是最好吃的？

我想都没想：大肘子就瓶儿啤，夏天的时候哥儿几个一人一个，脚边儿码一溜啤酒！（蓝蓝：哥，咱还是进屋里吃吧，打雷啦，刮风啦，下雨收衣服啦！）

本来很爱吃素的她，开始研究怎么能把这道菜做好，她说我埋头啃肉骨头的样子特香，后来经过了一些她的改良，我现在也能在做这道解馋的菜时，充分考虑如何吃得更健康。

材料

前蹄髈 1 个	开水 1500g
黄酱 50g	食用油 35g
生抽 10g	大葱 3 段
老抽 15g	姜 3 片
料酒 25g	蒜 5 瓣
盐 5g	八角 5g
冰糖 5g	干辣椒 2g

做法

① 蹄髈提前用凉水泡出血沫，擦干净用老抽均匀涂抹，用叉子在表皮上扎洞。

② 热锅凉油，将蹄髈下锅把表皮煎至变色翻面再煎其他位置，直到蹄髈大部分表皮煎成金黄色后取出。

③ 放入大葱段、姜片、蒜瓣、八角及干辣椒煸炒出香味，倒入黄酱、料酒和生抽，放入冰糖，加入开水，水超过蹄髈 3cm 高，大火把水烧开。

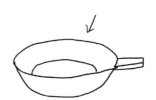

④ 将蹄髈放入后，继续大火烧至汤汁沸腾，再转小火，盖锅盖焖煮 40 分钟。

⑤ 给蹄髈翻个身，加入盐，盖锅盖继续焖煮 40 分钟后即可。

大民tips:

1. 蹄髈泡过后，要用刀刮一刮表皮，去除杂质。
2. 蹄髈表皮一定要用叉子扎透，多扎一些，炸制的时候才会流出更多油脂，这样更健康。
3. 盐要后放，先放盐蛋白质会马上收缩，肉很难炖煮软烂。
4. 为防止汤汁蒸发过快，可以用湿毛巾盖住锅盖上的出气孔。

大民说

　　蓝蓝有个习惯，在身体不舒服或者心里不痛快的时候，喜欢抱着我的胳膊咬上一口，算是她的一种发泄方式，每次她微笑着凑近我说要吃蹄髈的时候，我都会默默地把胳膊抬起来……关爱和包容真的是不能仅仅放在嘴上说，还要放在嘴边给她咬——啊！好疼。

爱吃辣？怕上火？

不上火的麻辣香锅

大民食材课

很多人都钟爱麻辣香锅，却很难在家里做出和餐馆一样美味的香锅，这里很重要的一点在于烹制手法上，素的食材一定要先焯水沥干，荤的食材一定要过油炒制半熟，否则食材出水会十分影响口感和味道。

♥ 爱の印象 ♥

虽然她偏好西餐，但是在中餐的口味上，我们还是比较一致的，比如说都爱吃辣；跟她聊起来才知道，我的准丈母娘原来在餐厅工作，而且还是主营正宗川菜的北京市一级餐厅，由郭沫若先生亲自题写的匾额，川籍的中央首长经常光顾，瞬间勤劳朴实的准丈母娘在我心目中的形象高大了许多，并闪着灿灿的金光……我得感谢她老人家教育培养出来这么讲吃懂吃的孩子，才让我们有机会因为美食方面的特长而走到一起！

（蓝蓝：妈妈，你看，和大民民这样的吃货在一起，你再也不用担心我的吃饭问题啦。）

材料

虾 100g	郫县豆瓣酱 80g
鱿鱼 100g	蚝油 20g
五花肉 100g	葱段 20g
鹌鹑蛋 50g	姜片 10g
青笋 80g	蒜片 20g
木耳 50g	八角 10g
油豆皮 30g	麻椒 15g
青红彩椒 100g	冰糖 10g
香菜 5g	干辣椒 15g
白芝麻 少许	孜然 10g
花生碎 少许	甘草 10g
食用油 50g	白芷 8g
香油 5g	陈皮 5g
料酒 15g	

③ 放入全部食用油，用葱段、姜片、蒜片、八角、麻椒及干辣椒煸炒出香味，放入郫县豆瓣酱小火持续煸炒 2～3 分钟，当油变成红色，郫县豆瓣酱变成酱红色即可。

④ 待酱香味道出来后，放入料酒、冰糖、甘草、白芷、陈皮，继续煸炒 2～3 分钟，制成酱汁。

⑤ 将炒至半熟的虾、鱿鱼、五花肉放入锅中，继续翻炒后放入焯好沥干的青笋、木耳、鹌鹑蛋、油豆皮，一起翻炒并放入蚝油。

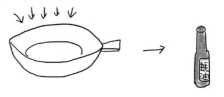

做法

① 做开水将鹌鹑蛋煮熟剥皮，并焯烫好青笋、木耳并沥干水分备用。

② 热锅凉油，用少许油依次将虾、鱿鱼、五花肉煸炒至半熟盛出备用。

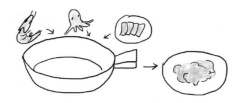

⑥ 将酱汁均匀渗透进炒熟的食材后，将青红彩椒放入，并撒入孜然翻炒，起锅前淋入香油，盛盘后撒入香菜、白芝麻和花生碎即可。

大民 tips:

1. 起锅前放入孜然是味道好的关键，建议一半的孜然擀成粉状，味道会更浓郁。

2. 甘草、白芷、陈皮都是帮助润燥的，而且陈皮还有一定的健脾开胃、化痰止咳功效，这些药店超市均有出售。

3. 蚝油本身是咸鲜口味，郫县豆瓣酱也是咸的，所以这道菜不用放盐。

大民说

　　好吃的麻辣香锅，因为多了一些中药，就变成了好吃不上火的麻辣香锅；甜蜜的生活中，免不了一些撒娇耍赖和偶尔的犟脾气，要是同时多一些包容和理解，就变成了甜蜜幸福和爱意持久的生活。

素食也有鲜嫩滋味

日式素火锅

蓝蓝营养课

味噌是以大米及黄豆为原料加入食盐，经过发酵而制成的呈浅褐色，有特殊风味，质地细致，易溶于水的酱。味噌有一种独特的鲜味可以帮助促进食欲、帮助消化。

据说日本人的长寿就与经常食用味噌有关。味噌中含有较多的蛋白质、脂肪、糖类以及铁、钙、锌、维生素 B_1、维生素 B_2 和尼克酸等营养物质。日本广岛大学伊藤弘明教授等人，通过对动物实验证明，常吃味噌能帮助预防肝癌、胃癌和大肠癌等疾病，此外，还可以帮助抑制或降低血液中的胆固醇，抑制体内脂肪的积聚，有辅助改善便秘、预防高血压、糖尿病等功效。

如果把味噌和各种食材做成汤，那就更是一举多得，能让这一顿饭的营养更加丰富。而且味噌的热量相对比较低，含盐量也不高，更适合代替酱油或者食盐来做汤以增加味道。

我很生气！

我又买了好多盘子和碗，看着大民帮我扛着大包小包回家，我一个个拆开我最爱的盘子和碗，我高兴得眼睛都笑没了。赶快拿去洗干净，今天晚饭就用新盘子好了。

吃完晚饭后，大民很严肃地把我叫到书房。

大民：小妞儿，过来，和我说说你这周都花了什么钱，怎么花的？

妈呀，坏了，又问花了多少钱，这是要审查我啊，我不就多买了点衣服和餐具吗。衣服也是给他买的多，我就只有一件啊，盘子呀碗呀他也要用啊。还有进口牛肉什么的，他吃得比谁都开心，干吗又要审我！好讨厌！

蓝蓝：没花什么钱啊，你不是都看到了，我还用了一张能减 50 块钱的优惠券呢，我挺棒吧！

大民：咱们还没成家呢，要为以后打算，不能月月都花超了啊。

蓝蓝：可是我上个月没超啊！上个月我才花了 1 万多啊。

大民：将来会有很多需要用钱的地方，现在总是花钱没有积累，将来家庭的抗风险系数低，会带来很多本可以避免的矛盾的，你明白吗？

蓝蓝：好了好了，别说了，真够烦的，不就是不让我买吗，我这也不是给我自己买的，你看买衣服的钱，5件衣服是你的，我的就1件！（大民：嗯，价钱上你1件顶我5件，穿着这么贵的衣服腰不酸了背不疼了上五楼都不喘粗气儿了）牛肉你吃得比我多吧！我也不是给我自己买的，你吃得多占得多，干吗我一花钱你就念叨。烦不烦啊。

大民：……但是我们要为了以后打算啊。你想想，我们每个月要存点钱吧，你准备每个月存多少钱呢？你这样都花透支了怎么存啊？对吧。

蓝蓝：行了，我知道了，你别说了！

关于每个月该买什么，怎么花钱这个事情，我纠结了一年才想明白。不过到底该怎么规划理财，我到现在也还是没学会。

材料

香菇 4 朵　　蟹味菇 30g

油菜 4 棵　　魔芋 100g

芦笋 8 根　　豆腐 150g

秋葵 6 根　　味噌 30 ～ 50g

玉米 1 根　　水 适量

莲藕 100g

胡萝卜 30g

做法

① 所有材料洗干净，莲藕切成 5mm 厚的片，玉米切成 3cm 长的段，胡萝卜切片，豆腐切块。

② 烧一锅水，水开，加入味噌，用勺子搅拌至味噌均匀，尝下味道，如果不咸就再稍微增加一点。

③ 分批下入食材，先下玉米、魔芋、豆腐和莲藕这样不容易熟的食物，然后再加入蟹味菇、香菇、秋葵、胡萝卜，最后放油菜和芦笋。大火煮开就好了。

蓝蓝 tips:

1.推荐用白味噌制作味噌汤，这样颜色好看，味道也相对清淡。

2.味噌汤里的食物可以按自己的喜好分先后加入，因为食材的成熟度不同，顺序要注意。

3.这是一道完全无油的汤菜，特别适合大鱼大肉之后的清肠行动。好吃还不会寡味。

人生第一次

红烧牛肉

蓝蓝营养课

牛肉，牛肉，特别好吃！牛肉，牛肉，特别适合我们！牛肉含有丰富的蛋白质，其蛋白质中氨基酸组成比猪肉更接近人体需要，而且牛肉脂肪含量比较低，热量也比猪肉更低。同时，经科学家证实，牛肉里面的铁元素的人体吸收率是所有食物里最高的，我们平时都觉得吃菠菜能补铁，其实不是的，菠菜里的铁元素虽然含量丰富，但是人体吸收率只有 5%，牛肉里铁元素的人体吸收率可以达到 90% 哦！所以适当地吃点牛肉很好，尤其是对生长发育的青少年及术后、病后调养的病人在补充失血、修复组织等方面特别适合，寒冷的冬天吃牛肉还可以暖胃。所以，牛肉真的是又健康又便宜的食材！但是只吃牛肉还不行，炖牛肉的时候为了平衡膳食最好还能加入一些蔬菜，如果是冬天，白萝卜就是首选！白萝卜中的芥子油能促进胃肠蠕动，增加食欲，帮助消化；和牛肉真的是最佳搭档！

这是一段有点心酸的生活插曲，大民去踢球，自己把脚趾甲盖踢断了。因为光荣负伤，所以要在家憋够 3 周等长好才能穿鞋，3 周后才可以欢蹦乱跳地去山里撒野。在家好可怜，在家好无聊。每天只能坐在沙发上，躺在沙发上，坐在床上，躺在床上，坐在马桶上，咳咳，不能躺在马桶上。为了让他能开心点，我就想尽办法给他做好吃的。于是才有了我第一次操刀做这款红烧牛肉的机会！

第一次哦！之前都是我买了牛肉，他做，他非说怕我做得不好吃，浪费了一锅牛的热情。我怎么就做得不好吃呢？我无非是喜欢往里面加点奇奇怪怪的调料，这也不能算是难吃，应该是改良吧。这次你动不了了，只能踏实坐在沙发上等着吃，那就让我尽情发挥吧！咱们也要翻身农奴把歌唱了！也要拿起铲子做主人了！更要做得特别好吃，堵住大民的嘴巴，让他再也不能说我炖牛肉是浪费了！人生的第一次！含着欢乐的泪水的第一次！饱含着血洗前仇的第一次！我成功了！大民吃得四脖子汗流，一口一口根本抬不起头，还欢快地发了微信朋友圈夸赞牛师傅的牛肉面果然是很赞。哈哈，我悄悄的改良被认可了！欧耶，欢乐颂赶快奏起来，啤酒红酒二锅头赶快端上来，从今天开始，我们要和红烧牛肉不见不散（大民：瞧你一副小人得志的样子，要不是看在你辛苦做饭的份儿上，单纯讲厨艺，你这还差的远呢，哎、哎，别端走啊，我还没吃完呢！）这次的红烧牛肉，颠覆了他的味蕾，也在他的舌尖上留下了属于我的独一无二的滋味……

材料

牛腩肉 500g	蚝油 10g
白萝卜半根	香叶 1 片
洋葱半个	食用油 30g
番茄酱 30g	盐 8g
黄豆酱 20g	热水 一大碗
生抽 50g	香葱碎 适量
料酒 20g	（装饰用）

做法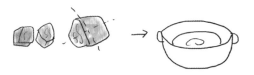

① 牛腩肉切成 5cm 大小的方块，放到冷水里浸泡 1 小时，中间换 2 次水。

② 煮锅内倒入冷水，下泡过水的牛腩肉块，中火加热，当水沸腾，再煮 5 分钟，捞出牛腩肉块，用冷水洗干净上面的血沫备用。

③ 白萝卜切滚刀块焯水 3 分钟，到白萝卜变得微微透明，洋葱切大块备用。

④ 砂锅烧热，加入食用油，油微微冒青烟，加入洋葱块炒香，然后下入洗干净的牛腩肉块，中火炒到牛腩肉块微微变焦黄，再加入番茄酱和黄豆酱煸炒。

⑤ 黄豆酱和番茄酱煸炒出香味要和牛腩肉块完全混合均匀，加入料酒，转大火烹出香味，然后加入热水一大碗（水要超过肉 2～3cm 高），再加生抽、蚝油和香叶煮开后转小火炖煮 40 分钟。

⑥ 40 分钟后，加入焯水后的白萝卜再煮 20 分钟，然后加入盐，煮 5 分钟关火，出锅点上装饰用的香葱碎。

蓝蓝 tips:

1.白萝卜要先焯水再下到牛肉里煮，这样白萝卜的萝卜味就能提前去除，不会让牛肉也带着很大的萝卜气味。

2.各种酱一定要炒一下才香，洋葱也一样，炒过了会有特殊的香味和甜味。牛肉炖煮的时间可以长一些，再长也不会软烂到夹不起来。

3.正常的红烧牛肉还会放一点辣椒、花椒进去用来去腥提味，这里我用番茄酱和黄豆酱代替了，小小的改良带了完全不一样的风味，更适合不能吃辣的老人和孩子。你家的情况，随便你改良吧。

我好饿，你快点儿做！

海鲜泡菜汤

蓝蓝营养课

泡菜，一种对身体特别好的发酵食品。这次要用到的是辣白菜。辣白菜是以新鲜白菜为原料，经泡渍发酵而做成的，是对蔬菜进行的"冷加工"，较其他加工蔬菜的方式有益成分损失得较少。据研究：辣白菜富含纤维素，维生素 C、维生素 B1、维生素 B2、钙、铁、锌、碳水化合物、蛋白质、脂肪等营养物质，而且是很好的低热量食品。同时，泡发的白菜里富含丰富的乳酸菌。乳酸菌可以在人体的小肠和大肠内长期定居，它们利用糖类发酵，产生各种有机酸，这有利于肠道营养物质的吸收。而大肠中则利用这些有机酸进行新陈代谢活动，促进了营养物质的吸收。而且，乳酸菌还能合成 B 族、K 族维生素等。所以经常食用泡菜，对肠道的健康是好处大大的。

❤ 爱の印象 ❤

我们都是忙碌的上班族，每天朝九晚六。每天到家都要 7 点多。早就饿得饥肠辘辘的大民对晚饭的要求特别高。又要速度快，又要质量高，还要有好吃的肉，这可真是难为坏我了。我本来就是一个动作很慢，干活也很细致的人啊，动作快起来不知道会做出什么味道。大民坚持做晚饭半年，我实在看不下去，必须要接手过来，不能看着他为了晚饭活活累死！

（大民：你还真有爱心哈，只看了一百多天就觉悟了，哈哈，这个必须点赞！）

为了晚饭吃什么，怎么能快速地吃上，我们可没少纠结痛苦，现在我可算是找到了一种食物，能快速成熟，而且营养丰富，还有肉！哈哈那就是海鲜泡菜汤！

按照大民对食物的需要，动物蛋白、大豆蛋白、蘑菇、蔬菜都全了，而且酸酸辣辣的很开胃，特别适合阴雨天和冬天享用。今天实在不知道吃什么？也不想吃饱了再去刷各种盘子和碗，那就选海鲜泡菜汤吧。回家路上去超市买上几个虾，一点儿蛤蜊，一块豆腐，还有冰箱里剩下的各种蔬菜和蘑菇,统统烩在一起,再来上一勺红彤彤、热辣辣的韩国辣酱!配上一碗米饭,真的不用再做其他的也足够丰富了!

　　在忙碌了一天的晚上,在疲惫得不知道要吃什么好的雨天,用这样一锅红彤彤、辣乎乎又营养丰富的汤菜来温暖我们的胃吧。

材料

韩式泡菜 100g	香菇 2 朵
海虾 8 ~ 10 只	小油菜 50g
蛤蜊 15 ~ 20 个	韩式辣酱 20g
蟹肉棒 30g	食用油 10g
豆腐 100g	水 1000g
黄豆芽 100g	葱花 5g
金针菇 50g	

做法

① 韩式泡菜切成 3cm 长的段，海虾、蛤蜊、黄豆芽、金针菇、香菇、小油菜洗干净备用，豆腐切成 2cm 见方的块。

② 煮锅不加水，干烧烧热，加入食用油，看到油微微冒烟加入切好的韩式泡菜，煸炒出香味，然后加入海虾和蛤蜊，炒到海虾变红，蛤蜊张口。

③ 倒入水 1000g，大火煮开，转中火，加入韩式辣酱、豆腐、黄豆芽、蟹肉棒、金针菇和香菇煮开后转小火煮 5 分钟。

④ 出锅加入小油菜和切好的葱花，关火。

蓝蓝 tips:

1. 做泡菜汤里的食材除了泡菜和韩式辣酱是必须的，其他都可以换成你喜欢的！

2. 挑选泡菜也有窍门。一般超市卖的泡菜都是包装好的，如果你要做泡菜汤，记得买胀袋的，胀袋的泡菜不是坏了，而是发酵的时间比较长，酸味比较重，更适合做泡菜汤。

3. 本汤画龙点睛的一笔是韩国辣酱，这种酱可以在冰箱里常备，做汤、炒饭、炖肉都是极好的。

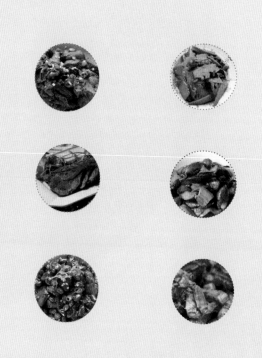
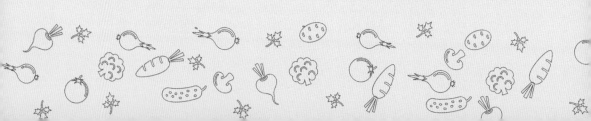

PART 4

炖出来的新婚

　　咕嘟咕嘟咕嘟，咕嘟咕嘟，炖起来。炖，是一种想起来就特别舒服的烹饪方式。就好像新婚里的我们，每天都想尽可能地多些时间黏在一起，他生怕错过我的一个小眼神，我也担心漏掉了他的一个小动作。两个性格完全不同的人，就好像锅里的不同食材，被放在一起，煮熟，大火炖煮，互相融合，互相吸收和释放，变为一种和谐的味道，最后你中有我，我中有你。

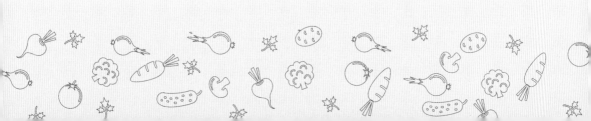

"天王盖地虎"

小鸡炖蘑菇

大民食材课

这是一道东北菜，所以要想口味咸鲜，肉香浓郁，食材的选用十分重要，鸡最好选用童子鸡，如果没有至少要用三黄鸡，因为炖煮时间长，最好不用白条鸡，另外蘑菇也是以东北的野生榛蘑为最佳，菌杆细伞盖薄为上品，其他则不能保证口味纯正。

终于从情侣模式升级到夫妻模式了，对于新的家庭生活，我们都充满了期待，每天都乐此不疲地讨论着，明天早饭吃什么，明天午饭带什么，明天晚饭吃什么！微博和朋友圈每天都是我们秀恩爱的各式美食，她喜欢腻在我怀里，学着动画片里的腔调唱：今天好运气，老狼请吃鸡！唱完就眯着眼对着我笑……吃鸡还不容易，你个小黄鼠狼，喜欢吃以后我变着花样儿的给你做，不吃都不行，非要吃得听到卖鸡蛋的就忍不住干呕！（蓝蓝：狼大哥，你好，给小妹端盆儿上来，今天吃什么鸡？啊呃……）

材料

童子鸡 一只	生抽 15g
榛蘑 80g	老抽 15g
葱段 20g	八角 10g
姜片 10g	白砂糖 10g
食用油 30g	干辣椒 15g
料酒 15g	

做法

❶ 温水浸泡榛蘑 30 分钟左右，用清水洗干净备用。

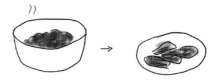

❷ 童子鸡剁成小块，冷水下锅焯 3 分钟左右，撇掉浮油和血沫后，开水留下备用，鸡块捞出沥干水分备用。

❸ 热锅凉油，用葱段、姜片、八角及干辣椒煸炒出香味，倒入料酒、生抽、老抽、白砂糖、干辣椒，并放入鸡块翻炒使汤汁可均匀上色。

❹ 加入开水，水没过鸡肉焖煮 10 分钟后放入榛蘑，盖严锅盖，继续焖煮 30 分钟即可。

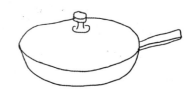

大民tips：

1. 泡蘑菇的水，也可以烧开用于炖鸡，味道会更香，记得水底会有沙，不要全加入。
2. 鸡块在焯烫时，要凉水下锅，这样可以最大限度地把鸡肉的血沫和杂质焯出来。

大民说

　　蘑菇吸收了鸡肉的味道，而鸡肉鲜香少不了蘑菇的帮助，两种食材在长时间炖煮下相互作用，就像是我对家庭的观念，对我而言，家庭绝不是一夫一妻，家庭就是一个整体，一损皆损，一荣共荣！

最熟悉的菜肴最难做

烧二冬

大民食材课

这道浙菜看似简单，做好却不容易，首先挑选冬笋时要注意，不是越大越好，中等身材的相对会嫩些，外皮黄色，笋节细密的为嫩笋，黑色的就会老一些；挑选冬菇则要看菌柄，短粗的菌柄意味着菌盖肥厚，是为上选。

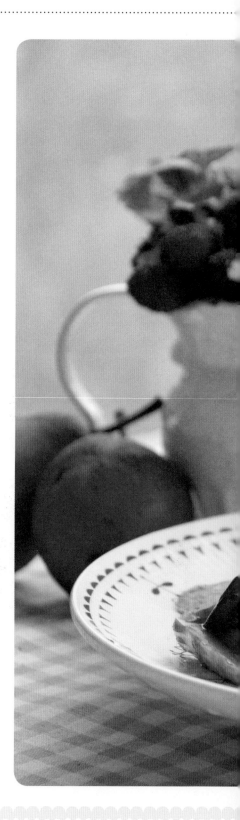

♥ 爱の印象 ♥

说起这个 "二" 字来，她可真的是简直了，平时总被同一个桌角磕同一条腿的同一处也就算了，我买了防撞贴包住桌角，她还是会磕得淤青；那天，她看电视里的 T 台秀，我瞄了一眼就去厨房忙活，节目结束后有个设计师专访，我在厨房听到问她：听口音像是意大利语，是意大利人吧？她十分鄙夷的口气：你什么耳朵啊？！人家字幕上写的明明是米兰的！我狂笑不止，从厨房到客厅沙发上就没喘过气来，傻妞儿，你地理是体育老师教的吗？她依然一脸鄙夷地看着我问：你笑什么笑，卖笑啊！我止住笑，抹一把笑出的眼泪看着她说，我就喜欢你这点，二得义无反顾！（蓝蓝：有那么可笑吗？明明就是米兰的，米兰设计师没错啊！）

材料

冬笋 300g	老抽 5g
冬菇 100g	蚝油 10g
葱末 10g	白砂糖 10g
姜片 10g	盐 2g
食用油 30g	香油 5g
料酒 10g	水淀粉 15g
生抽 10g	

做法

❶ 温水浸泡开冬菇，用清水洗干净改刀为片并焯烫好沥干水分，焯香菇的水留着备用。

❷ 冬笋切宽片，凉水下锅焯烫熟，捞起沥干水分备用。

❸ 热锅凉油，用葱末、姜片、煸炒出香味，放入冬笋片、冬菇片，倒入料酒、生抽、老抽、蚝油、白砂糖、盐，并加入焯香菇的水大火烧开煮 3 分钟。

❹ 沿锅沿加入水淀粉，待汤汁浓稠后淋入香油起锅装盘。

大氏 tips：

1. 冬笋要提前焯烫，不然会涩嘴，影响口感。
2. 冬菇不一定都用泡发的，也可以加入鲜的，泡发的味道浓郁些，鲜的口感细嫩些。

大氏说

　　面对婚后生活，每个人都有自己心目中的理想状态，不过实际生活总会有些差距，她依然习惯于之前像孩子一样的生活状态，而我也需要接受这个现实，只当是婚后养了个孩子，我也需要享受这个现实，跟着她体会孩子一般纯真的快乐！

来自宝岛台湾的美味

葱香卤牛腱

大民食材课

卤牛腱想要口感好，选择正确的部位很重要，一定要用牛前腿上的腱子肉，这肉也称前腱，因为这部分肌肉活动充分，所以筋多肉不柴，卤好的牛腱有筋的地方会变为半透明的状态，是这道菜好吃的关键。

♥ 爱の印象 ♥

她有时候会忽然变得嘴很壮，零食吃不停就算了，正餐一点不耽误还在质量上有更高的要求，我说给她炖五花肉吧，她要好吃还不能胖，我说给她炖牛肉吧，她要求不能口味太重，不然会增加肾脏负担，好吧好吧，我知道你要求的口味了，咱们买牛腱子回家卤着吃，用你喜欢的清淡口味！还好我朋友多，碰巧有那么一些深谙美食之道的吃货，其中还有一位是隐藏在台湾民间的高手，更可贵的是他曾经把家传几十年的卤牛腱方法告诉了我！（蓝蓝：老公，吃完牛肉长大劲儿，我这浑身的劲儿往哪儿使啊？）

材料

牛前腱 1500g	冰糖 20g
大葱 6 根	盐 8g
姜 100g	白酒 50g
香叶 1 片	生抽 300g
小茴香 1g	老抽 10g
干辣椒 3 个	食用油 30g
大枣 8 个	香油 10g

做法

① 牛肉去掉外面的筋膜，清洗后用凉水浸泡 2 小时，每半小时换一次水，葱切大段，姜切大片备用。

② 热锅后倒入食用油和香油，放入葱段、姜片，用中小火煸炒至焦黄色备用。

③ 牛肉冷水下锅，水开后煮 5 分钟，捞出沥干水分，放到炒好的葱姜油里。

④ 放入其他全部调味料和大枣，加适量水没过牛肉，大火烧开后转小火炖煮 90 分钟，捞出放凉了切片即可。

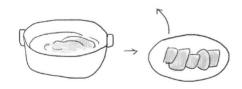

大民 tips:

1. 牛肉一定要去掉筋膜，这样才更易入味。
2. 炖煮牛肉的时候，也可放入适量山楂加速牛肉软烂。
3. 切片的时候注意，横切牛羊，要让刀和肉丝纹理呈 90 度夹角，不然肉碎了会影响口感。

大民说

　　生活中总会有这样一个阶段，两个人彼此十分默契，一个眼神，一个动作，甚至一个欲言又止，都能让对方读懂，你在意对方的每一个想法，而对方也配合你的每一个决定；从情绪到思想到身体的各种竞技状态都高度契合，每天都感觉开心的像是在飞；那么，一定要珍惜这段时间，生活给予我们力量，是为了面对将来更多的未知！

创新到底好不好？

罗勒烧茄子

蓝蓝营养课

罗勒，一种东南亚地区典型香料，又叫金不换、九层塔。因为它特殊的香味，让爱的人爱死，厌的人躲得远远的。罗勒含挥发油，性味辛温，具有帮助健胃，促进消化，利尿强心，疏风行气，活血、解毒的功效。对外感头痛、消化不良、月经不调等都有一定的辅助治疗作用。我国古代的《嘉祐本草》中对罗勒这样描述"调中消食，去恶气，消水气，宜生食。"所以夏天胃口不好，或者有点儿小感冒，就在凉菜里加点罗勒碎给自己开开胃吧，它独特的香味一定会让你食欲旺盛的！

♥ 爱の印象 ♥

大民对烧茄子是有要求的！这个要求我做了很多次也没达到。但是他很贴心，从不会因为我做得不好就拒绝食用。（大民：谁能想象那些日子我是怎么度过的，一方面要强忍泪水表示饭菜很可口，一方面要把那坨看不出原料的所谓茄子和着泪水吞下肚）好吃的烧茄子用他的标准就是油要多，蒜要够，茄子要炸透，五花肉要切得厚，酱油一定要给够，说白了就是重油重味儿。可是吃茄子的季节是夏季，这么重口味的茄子，我真的是不爱吃。妈妈做给我的都是用很少油炒出来的茄子，烧这种做法，还真是离我很远。但是他爱吃啊，这可怎么办，我这个较真的小媳妇，多次和他商量，到底怎样他觉得够好，还能少吃油。幸好他很乖很配合，我们达成协议，茄子可以少放油，但是水要足够多，把茄子炖透才好吃。

问题虽然有办法解决，但是我还是觉得这样的修改不够好，阳台上有我种的罗勒，一棵棵地长成了树高，这么好的香料不能浪费，用罗勒代替大料，味道好又能促进食欲，还能帮助调理肠胃！真是一举两得。

可是这样的改良，大民又皱眉头了，他不喜欢罗勒的味道呀，没来由的就是不爱吃。那怎么可以呢？罗勒可是好东西，它可以帮助消食健胃，活血解毒，而且还可以帮助治疗夏天吹空调引起的小感冒。而且罗勒香香的味道吃了就能引起食欲啊！多吃自然就习惯了。

就这样，这道菜成了夏天我家餐桌上的常见菜，大民也慢慢地习惯了罗勒的味道，甚至有一天，他还主动要求拿罗勒做菜试试，看来，改良还是很有效果的。（大民：好吧，我喜欢罗勒，确切地说是你的爱让我重拾了信心，看到罗勒就得凶狠地吃掉才行！）

材料

长茄子 2 个   盐 1g
罗勒叶 15g   水 15g
五花肉 20g   食用油 10g
蒜末 5g
洋葱碎 10g
酱油 5g
糖 2g

① 长茄子洗净切滚刀块，然后泡在一盆淡盐水（分量外）里备用，五花肉切薄片，罗勒叶用手撕碎备用。

② 炒锅烧热，加入食用油然后下五花肉片煸炒到肉变色，加入一半的蒜末和全部的洋葱碎炒出香味。

③ 下入泡好淡盐水的茄子块，转中小火煸炒 2～3 分钟直到茄子变软。加入水，盖好锅盖炖 3 分钟。

④ 打开盖子，转大火，加入酱油，糖，盐和剩下的蒜末，再烧到汤汁减少到只有一个锅底，最后加入罗勒叶子，关火装盘。

蓝蓝 tips：

1. 用淡盐水泡茄子可以防止其变黑，同时可以减少炒茄子时需要的油分。

2. 下入五花肉煸炒是为了增香，动物油脂可以让茄子更好吃，不喜欢的可以不放。

3. 如果买不到罗勒或者不喜欢罗勒的味道可以改成香菜碎，也一样好吃哦。

以形补形

花生猪脚煲

蓝蓝营养课

猪脚到底好不好，这个问题已经争议很久了。中医的角度来讲猪脚是特别好的以形补形的食材。但是从营养学的角度看猪脚，我必须要说一句，猪脚还真不是能随便吃的。

猪脚里面含有大量的胶原蛋白和脂肪。胶原蛋白是不完全蛋白，不能提供我们每天需要的 8 种必须氨基酸。人体吃进去所有的蛋白质都会被分解成氨基酸的形式消化吸收，然后再合成为我们身体里需要的各种蛋白质和细胞组织。优质蛋白质是分解成氨基酸之后能提供给我们人体必需的 8 种氨基酸的蛋白质。所以，猪脚并不是优质的蛋白质来源。同时，猪脚里面大量的脂肪还会带来过多的热量。

尤其是患有高血脂和肥胖症的病人，更是要尽量少吃或者不吃猪脚。

当然，如果一定要给吃猪脚找个理由，那么引用中医饮食养生著作《随息居饮食谱》的一句话吧：猪脚可以 "填肾精而健腰脚，滋胃液以滑皮肤"。

♥ 爱の印象 ♥

大民从事的是一个看似安全而实则危险的工种——广告会展业。经常要到施工现场监督搭建和运输器材，所以他受伤这事是不能避免的。看着他各种受伤，我是真的心疼，所以我总是找理由给他做好吃的补补，他也很热衷于这样的忙碌之后的大餐。我们都觉得繁忙的一天之后能吃一顿丰盛的晚餐是对一天忙碌工作的奖励。

在他脚伤的时候，我会炖一锅花生猪脚煲给他补补。我们戏称这花生猪脚煲是"疗伤菜"，吃完了伤就全好了。与其说是补补和疗伤，不如说是解馋。补什么其实并不重要，重要的是能吃上一顿丰盛的饭菜，喝一点小酒让紧绷的神经彻底放松下来。（大民：分明是借我受伤来满足你吃肉喝酒的个人愿望，你端走自己吃独食儿，我拄拐都追不上你！哼！）

每个人家都有这样的一道菜吧？我妈妈做给爸爸的是麻辣牛肉干。我做给大民的是花生猪脚煲，你家的这道"疗伤菜"是什么呢？

材料

猪脚 2 个	葱 20g
花生米 150g	姜 15g
南乳（或腐乳	蒜 10g
酱豆腐）3 块	黄酒 80g
八角 2 个	食用油 30g
冰糖 15g	新鲜小米辣 1 个
生抽 50g	小米辣碎 适量
老抽 3g	

做法

① 花生提前泡 2 小时，猪脚处理干净后斩小块。锅里放水，煮开后放入猪脚焯一下，去掉血水。水倒掉不要。

② 大蒜剁蒜蓉，置于碗内，加入 3 块南乳和 3 匙南乳汁，并加入小半碗水，压烂搅拌均匀。

③ 姜切片，锅里放油，放入姜片和八角炒香，加入南乳蒜蓉混合液和冰糖，翻炒一下，加入猪脚爆香。

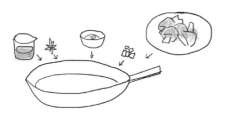

④ 全部材料转移到砂锅里，放入花生，同时倒生抽、老抽、黄酒、小米辣 1 只、2 碗清水拌匀，大火煮开后，小火加盖焖至猪脚变软（大概要 1.5 小时）。

⑤ 大火收汁，出锅装饰小米辣碎即可。

蓝蓝 tips:

1. 炖煮猪脚的时候我加了1只小米辣，如果爱吃辣就把这个小辣椒切开，如果不喜欢吃辣就完整地放进去或者不放，不过微微的辣味可以解腻哦。

2. 花生可以换成黄豆，如果是黄豆记得提前泡4个小时再煮哦，不然会煮不开的。

3. 猪脚是很油的，而且有一种特殊的腥味，焯水是必须的，如果你时间足够，焯水前用冷水浸泡2个小时是更好的。

4. 整道菜没有放盐，因为南乳的味道够浓了，而且还加了生抽老抽，味道足够不需要放盐了。

百元大菜在家做

毛蟹烧年糕

蓝蓝营养课

螃蟹是一种高蛋白质的美味食物，按鲜重来算，100 克干重蟹肉（脱水之后的蟹肉）中的蛋白质含量是 70% ~ 90%。鸡肉、牛肉的蛋白质含量大概在 20% 左右。新鲜蟹肉的水分含量很高，脂肪含量相对低，但是蟹黄里的胆固醇含量比较高，不过人们为了美味总是会对这一小块蟹黄的胆固醇忽略不计。

蟹肉中含有较为丰富的镁，钙含量也很高。比如，河蟹中的钙含量超过牛奶中的钙含量平均值，有的品种能高达 200mg/100g 以上。同时，蟹的锌、硒、碘等微量元素的含量也相当高。

从维生素角度来说，蟹的维生素 A 含量相对丰富，可达鸡蛋的 1.5 ~ 2 倍，但几乎都存在于蟹黄部分，其维生素 B 族的含量水平和大部分鱼类相差不大。

♥ 爱の印象 ♥

我爱吃螃蟹。各种螃蟹都爱吃。秋天来了，尤其痴迷大闸蟹。但是大民特别不希望我多吃螃蟹，每次买回家他都会絮絮叨叨地说螃蟹寒大，吃多了对身体不好，你本来就手脚凉，还吃那么多螃蟹怎么行。

但是不吃怎么行？谁可以抵挡大闸蟹的鲜美滋味？

为了吃螃蟹，甚至多吃几只，我可没少费脑筋。我不爱吃姜，但是答应他吃螃蟹的时候一定会蘸姜汁，然后喝红糖姜茶。我不喜欢泡脚，但是保证吃螃蟹之后泡脚 40 分钟。我不爱喝温热的黄酒，但是保证吃螃蟹的时候喝一小杯温热的黄酒驱寒。总之，他以螃蟹为借口，把我不喜欢的都加在我身上，还让我甘之如饴。（大民：在面对吃货老婆的时候，别指望有什么天理，大多数家庭里老婆都扮演了真神的角色，天理总是在她那边！）

虽然每年都会为了吃螃蟹战斗，但是有这样一个人愿意和你斗智斗勇也应该是集快乐、幸福、甜蜜、和谐于一体的。（大民：那是相当的和谐啊，她把螃蟹钳子丢给我，以此拖慢我吃螃蟹的速度来达到她多吃多占的无耻企图！）

材料

毛蟹 2 只

年糕条 300g

姜、葱丝 共 50g

5 年黄酒 30g

蚝油 10g

老抽 10g

生抽 10g

冰糖 10g

面粉 适量

食用油 50g

做法

① 毛蟹洗干净，从中间切开，去掉蟹心。中间的切面沾上干面粉。

② 油锅烧热，把沾好面粉的螃蟹下锅炸到变色，捞出备用。

③ 年糕条放到 80℃ 的水里泡 10 分钟，变软后捞出备用。

④ 另起炒锅，加一点底油，烧热加入葱、姜丝，炒出香味下入炸好的螃蟹，马上烹入黄酒，大火烧开。

⑤ 加入老抽，生抽，蚝油，冰糖，转中火烧开，加入泡好的年糕，盖好盖子炖 3 ～ 5 分钟入味。

⑥ 打开盖子转大火收汁，装盘完工。

蓝蓝 tips:

1. 螃蟹心是螃蟹全身最寒凉的地方，请一定要去掉再吃。它是在螃蟹壳的最中间，五边形的一灰白色小物体。

2. 这道菜葱姜的量还是很大的，因为姜丝可以帮助去掉很多螃蟹的寒凉，黄酒也有同样的作用，可别偷懒忘记放。

3. 如果爱吃辣，放上 2 ～ 3 个辣椒，就会让美味加倍！

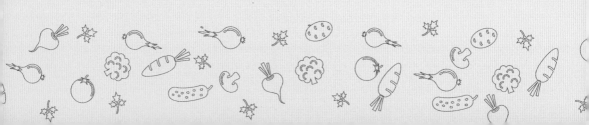

PART 5

炒不完的酸甜苦辣咸

　　又开吵啦！怎么总是有事情让我们吵起来呢！看着厨房炒锅里的辣椒和花椒在一起跳跃，就好像看到了自己站在客厅里吵架的情形一样。我们之前的甜蜜呢？我们昨天的如胶似漆呢？怎么一下子都变了？到底是什么让我们每天吵在一起？花椒、大蒜、辣椒、葱花、八角还有小茴香，通通凑在一起，让我们痛快地炒起来！不过吵归吵，千万别忘记好好吃饭。

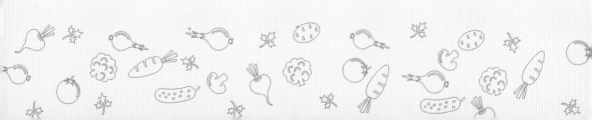

痛并快乐着

十三香小龙虾

大民食材课

小龙虾的蛋白含量很高，所以一旦腐烂不新鲜，就不可以吃了，建议大家适量烹制，尽量不要剩食；再有就是购买时要挑选鲜活的，个别地方有卖去掉虾头的生虾球，也要注意虾尾卷曲的比较新鲜，虾尾松软伸直的就不要买了。

另外告诉大家如何分辨小龙虾的公母，小龙虾胸部有 4 对小于钳子的腿，再往下看胸腹连接的腹足部分，公虾长有再小一些的腿儿，而母虾则是退化为羽毛状的软足。

婚后的生活，跟恋爱有些不太一样；

在一起生活一段时间后，这伪装成天使的恶魔，渐渐地露出了自己带尖儿的小尾巴。（蓝蓝：人家开始就是恶魔啊，倒是你一直说是天使。）这不，因为一点儿我都搞不懂原因的小事儿，她又脸拉得老长……

还好这恶魔吧，有个致命的软肋，就是一说给她做好吃的，马上态度有所好转。

在市场挑了二斤鲜活的小龙虾，拎回家，她和煎饼（我家小狗）都迎了上来，随手拿了一个不太猛的小龙虾给了好奇的煎饼去研究，我快步进了厨房准备收拾收拾下厨……

这边儿我拿刷子使劲清洗着恶狠狠地挥舞着钳子的小龙虾，正念叨着，让你凶！让你凶！

嗷的一声，我家煎饼冲进了厨房，鼻子上夹着那只原本被我判断为不太猛的小龙虾；

煎饼好不容易把它甩了下去，可怜巴巴地看着我，好像在说：爸爸，小龙虾跟妈妈一样，看着老实其实可凶可凶了……（蓝蓝：放肆！妈妈夹过你鼻子吗？妈妈要是夹了你的鼻子，你能这么轻易就甩开吗？）

　　我特想告诉煎饼，这小龙虾其实跟你妈妈一样，凶归凶，但是起码有个优点，就是好吃，小龙虾是好吃（hǎo chī），你妈妈是好吃（hào chī）！（蓝蓝：就是说我贪吃呗，我不贪吃你哪儿骗这么好的老婆去啊？！）

材料

小龙虾 800g	生抽 50g
葱段 40g	老抽 15g
姜片 20g	冰糖 10g
蒜瓣 40g	盐 8g
麻椒 50g	油 60g
干辣椒 50g	白酒 10g
甘草 10g	辣椒面 10g
白芷 10g	孜然面 10g

做法

❶ 小龙虾用刷子清洗干净，去虾线，摘虾头取虾黄，留虾黄备用，虾头，虾球洒白酒去腥。

❷ 热锅凉油，油温达到六成左右将虾头虾球放入锅中翻炒，待变色后盛盘备用。

❸ 锅中留底油，油烧热放入葱段、姜片、蒜瓣爆香，加入麻椒、干辣椒翻炒，辣椒变色后放入虾头、虾球、虾黄以及其他调味料继续翻炒，稍焖煮 2 ～ 3 分钟，最后大火收汁即可。

大氏 tips：

1. 去虾线时，只需捏住虾尾中间部分左右扭转后就可拉出虾线。
2. 摘虾头一方面可以把鲜美的虾黄取出便于食用，另一方面可以使虾球更入味儿。
3. 先将虾头虾球过油可以保持虾体的鲜亮，使人更有食欲。
4. 麻辣小龙虾，加入了甘草和白芷，使整道菜味道浓香的同时也能帮助有效防燥，避免上火。

大氏说

　　所以啊，煎饼，你知道吗？你只看到小龙虾凶，但是你不知道小龙虾也好吃啊（都是爸爸妈妈的，你别想），都说麻辣小龙虾吃多爱上火，但是爸爸用了一些小窍门后，不但让小龙虾的口味更好了，也有效地解决了上火的问题。

　　其实，这就像是家庭生活，总会有一些磕磕绊绊、分歧摩擦，别把目光仅仅停留在问题上，找一些方法解决，我用一餐麻辣小龙虾解决了到现在我都记不清原因的问题。你家也有什么不好解决的问题吗？说出来让大家开心一下呗？

苦尽甘来回味多

茶香虾

大民食材课

虾是营养价值很高的一种食材，要挑选新鲜的虾才可以真正把食材的味道和营养全面地体现出来：

1. 新鲜的虾表面通体亮泽，不新鲜的颜色黯淡发红且颜色分布不均匀。

2. 新鲜的虾头与身子连接紧密无脱落破损，不新鲜的则相反。

3. 新鲜的虾肉质紧实有硬度，皮壳不易剥落，不新鲜的则肉质松软，切时皮壳和肉有分离现象。

4. 外出就餐的时候，活虾烹制后尾巴是分开的，死虾则尾巴紧闭。

❤ 爱の印象 ❤

人生就像是个正弦波，有波峰就有波谷，谁也不可能总是站在世界的巅峰，我总教育她说，我们比这世界上大多数人都幸福，所以做人要知足，不要活在童话里，要享受当下生活中的点滴幸福，她也总借机告诉我，每个女生都有做梦的权利，对你苛刻是为了让你更好地进步，拼命花钱是为了让你有更多的动力，你娶了我都是上辈子欠我的，这辈子要无条件地还……大有一种我套着笼头拉着磨盘她跟在后面一路小鞭子抽着，我稍有放松便是惨绝人寰的遭遇，如若不服还会有把大刀直插过来的劲头！（蓝蓝：嘿嘿嘿！你就是上辈子欠我的……）

可能是因为我们都抱着太多的期望和幻想，所以现实中总会有些失落，未婚时候自己都可以看清的问题，婚后反而没有了平和的心态，总是期待着对方多一些理解和包容，而忽略了自己在问题中其实可以起到主导作用，于是乎，有了问题大家各不相让开始争吵……

　　她吵架有个特点，就是不按套路出牌，吵架吵得很梦幻，随便什么事儿只要她认为是事实，（蓝蓝：我说是事实，就是事实！）也不管是否发生过，说出来就成为了给我定罪的呈堂证供，堪比摘叶飞花，属于魔法攻击，且攻击力极强，让人百口莫辩，如鲠在喉。（蓝蓝：你这也太夸张了，来，快变个猪头给大家看看！）

　　我虽然是学理工的，但是爱好文学、哲学，每每面对突如其来铺天盖地的魔法攻击，都是习惯性地摆事实讲道理据理力争，殊不知在生灵涂炭的水系火系风系土系一系列魔法攻击下，我那点儿物理防御几乎就节节败退，最后成了渣……（蓝蓝：大师兄，师傅又让妖怪抓走啦！）

　　我俩一吵架，就有点像是秀才遇到兵，我才识有限固然比不上秀才，可她却真真地赛过天兵，威风不让神将，简直了，老虎不发威，你当我是病猫呢！不发威都战斗力爆表，一发飙更是惊天地泣鬼神，活脱脱一个超级赛亚人！（蓝蓝：哈哈，这完全是因为村口陈师傅的烫发手艺好呀！）

材料

主料：

海白虾 400g

配料：

葱 10g	料酒 10g
姜 10g	冰糖 2g
铁观音茶叶 10g	盐 5g
美人椒 10g	油 60g
干淀粉 20g	热水 600g

做法

❶ 将水坐开后关火，放入铁观音，茶叶用热水泡开后沥干水分备用，美人椒切粒。

❷ 海白虾去虾线并剪去虾腿虾须及虾枪，和葱姜切丝一起放入料酒腌制 5 分钟。

❸ 腌制好的海白虾取出，将干淀粉扑在虾身上。

❹ 热锅凉油，油温达到 6 成热时将茶叶下锅炸制干脆取出。

❺ 油温升到 8 成热时将虾进行第一遍炸制，虾变色定型后取出，待油温继续升高后将虾放入进行第二遍复炸，使虾壳酥脆。

❻ 将茶叶放入锅中翻炒，并放入冰糖、盐进行调味，起锅装盘时撒入美人椒粒。

大民 tips：

1. 去虾线时，用牙签插入虾背 2 ~ 3 节处即可将虾线挑出。

2. 直接剪去半个虾头，扎手的虾枪和烦人的虾须就解决了，而且这样做腌制的时候会更入味，炸制的时候虾头里的虾油也会煸出来让整道菜味道更好。

3. 腌制好的虾可以用厨房纸吸去水分后将虾放在干净的厨房纸上以便涂抹干淀粉。

4. 泡茶叶的水除了可以饮用，也可以在烹制鱼类肉类时清洗主料，能达到去腥的效果。

大民说

　　其实我从来都不怕跟她吵架，吵架在我看来，就是一种形式激烈的沟通方式，就是各自坦露心声强调诉求甚至可以说成是撒娇要赖的过程，我也大可不必什么事情都跟她讲道理，她其实每次吵完架也会静下心来思考。我们就在这样的争吵中磨合着，如同这道茶香虾，总要经历一些过程，最终才能磨合出来好味道，茶香微苦的背后，总会有虾的甘甜！

偷师丈母娘的经典菜

香辣鸭块

大民食材课

挑选鸭肉首先要看，新鲜的鸭肉脂肪层呈淡黄色，如果放置时间过长，颜色会变得更淡，其次要用手触碰表面，新鲜鸭肉有弹性且不黏手，变质的鸭肉则相反，表皮因氧化和微生物繁殖会发黏。

♥ 爱の印象 ♥

婚后一段时间，偶尔吵吵闹闹的，心情也会忽上忽下，没有办法，咱也是头一次结婚，没什么经验，总想着多用男人的胸怀多包容一些，但遇到具体的事时，又跟理性的逻辑思维有冲突，想让她不去猫一阵狗一阵的发难，（蓝蓝：哥，猫一阵狗一阵到底说的是猫还是狗啊？似乎美食已经成为了最后一道防线，所以我一直私下搜集各种符合她口味的美食，想以此来坚守来之不易的阵地，于是乎，在陪她回娘家吃饭的时候，被我偷师了一道丈母娘做的她极爱的菜——麻辣鸭块！（蓝蓝：不错！继续学习哈，你丈母娘还有很多拿手菜。）

材料

鸭腿肉 500g	葱段 50g
麻椒 80g	姜丝 10g
花椒 30g	冰糖 10g
干辣椒 100g	盐 3g
朝天椒 10g	生抽 50g
陈皮 20g	老抽 10g
草果 2 个	料酒 20g
八角 2 个	食用油 30g
桂皮 1 块	

做法

❶ 鸭腿切成寸段放入冷水浸泡 20 分钟，开火慢煮至鸭块半熟后捞出再用冷水清洗备用。

❷ 热锅凉油，放葱段、姜丝、花椒、八角、部分干辣椒煸炒出香味，放鸭块继续煸炒。

❸ 鸭块煸炒出油后，放入料酒、生抽、老抽以及剩余干辣椒和其他所有还没用的调味料。

❹ 小火持续煸炒至汤汁收尽，撒上切碎的朝天椒即可盛盘上桌。

大民 tips:

1. 浸泡和凉水下锅焯烫是为了去除鸭肉的腥臊气味和血沫，一定不能偷懒，不然味道不佳。

2. 一定要把鸭块煸炒出油再放入剩余调味料，不然鸭块油多口感会腻。

3. 加入所有调料后，一定要用小火一直煸炒，切不可用大火节省时间，只有不停地小火煸炒至汤汁收尽，口味口感才是最佳状态。

大民说

  偷师这一道菜，也让我感悟颇多，其实婚后生活到达一定时期，都会进入一个瓶颈期，会有现实中这样那样的问题，和理想中的完美状况相冲突，切不可用盲目冲动来解决问题，也不可就此放手让矛盾加深，唯一需要做的就是要有耐心，缓缓地徐徐地去引导，让彼此在爱的氛围中成长成熟！

开胃更暖心的
酸汤肥牛

大民食材课

挑选肥牛首先要闻，新鲜的肉没有异味，变质的肉会有酸腐气味；其次是看，新鲜的肉有光泽脂肪呈洁白或淡黄色，变质的肉有红点，且颜色暗淡脂肪呈灰绿色；再次是摸，新鲜的肉表面微干不黏手，变质的肉黏手，注水肉虽不黏手但呈水湿样且肉质发散。

♥ 爱の印象 ♥

　　八零后和七零后的最大区别是，一般都是独生子女，没有兄弟姐妹，没有成长在计划经济那个年代的经历，从小没吃过苦，没受过累，行事比较独，对钱更是没什么概念！婚后一段时间里，我曾经对她的大手大脚十分有意见，每次拉着她看我做的收支表格，告诉她买东西要有选择，量入为出，她都是当时答应得好好的，结果败家的时候还是把承诺忘得一干二净，按她的话说，再乱买就剁手，但结果呢，她仿佛是千手观音再世……

　　看着家里一些她没穿过没用过就不喜欢要扔的东西，再想起自己项目上周转不开的窘迫，我终于忍不住跟她大吵了一架；她哪儿受过这个委屈，拎着行李箱直接回娘家去了。（蓝蓝：*要不是我爸我妈两个人在家天天唠叨我，我才不和你回来呢！*）再等她回来的时候，态度极其诚恳地告诉我：我父母批评我了，我错了，我没考虑到你的感受，太自私了；我跟妈借了些钱你先用，以后咱俩慢慢还。我抱着她，半天没说话，心里暗暗想：这钱，我是断然不能用的，有她这个态度，比借多少钱都更让我欣慰！我起身走向厨房，饿了吧，外面那么冷，做个好吃的菜给你暖暖身子吧！

材料

肥牛 500g	蒜末 5g
金针菇 100g	白醋 30g
泡山椒 80g	盐 5g
朝天椒 30g	食用油 20g
姜末 10g	开水 800g

做法

❶ 热锅凉油，放入姜、蒜末炒香后捞出渣子，然后放入泡山椒继续煸炒至辣味出来，加开水煮 3 分钟。

❷ 放入金针菇焯烫熟后捞出放入碗中。

❸ 将肥牛放入锅中，焯烫熟并放入白醋、盐调味。

❹ 将肥牛捞出放入碗中，大火烧开汤汁后倒入碗中。

❺ 热锅凉油，油烧热后将切碎的朝天椒放入，随即浇在肥牛上即可。

大民 tips:

1. 想味道浓烈可以将泡山椒切碎，这样更容易入味。

2. 肥牛焯烫的过程不要太长，盐要最后放，不然肉质柴会影响口感。

3. 有鲜花椒的话，最后用热油浇一下，味道会更好。

大民说

　　天气凉的时候，这么一道菜，一定让人胃口大开，会比平时多添一碗饭；生活中碰到问题的时候，如果有了对方的体谅和诚恳沟通，也会让人打起精神，不论面对什么困难，都能一鼓作气，扫清一切障碍！

用小荔枝口中和一切

宫保豆腐

蓝蓝营养课

黄豆——上帝恩赐的完美食物。黄豆里的脂肪含量在 15% ~ 20%，其中不饱和脂肪酸约占 85%，不饱和脂肪酸又由 50%~60% 的亚油酸、20% 左右的油酸和 10% 左右的 α - 亚麻酸组成。黄豆中的亚油酸可以帮助增加记忆力，促进大脑发育，并且可以帮助降低血脂。而且黄豆里完全不含胆固醇，黄豆富含的植物固醇可以降低人体胆固醇，多食可帮助减少动脉硬化的发生，预防心脏病，是高血压、动脉粥样硬化病人的最佳食物来源。

黄豆中的大豆异黄酮和大豆皂苷具有抗氧化，改善心血管功能，调节免疫力的能力。大豆异黄酮还可以帮助扩张血管，降低血管外压力，调控血压；大豆异黄酮还有着类似人体自身分泌的雌激素功能，多食用黄豆还能弥补女性绝经后造成的雌激素失调，帮助缓解更年期症状。黄豆中的皂苷类物质对降低血脂和血液胆固醇也有很好的调节作用。

♥ 爱の印象 ♥

我不爱吃豆腐，特别讨厌吃。

"为什么要吃豆腐？你可以换成鸡蛋羹啊。豆腐好和我有什么关系？我不吃为什么要买？涮火锅你买豆腐做什么，你是故意不想让我吃饭吗？"（大民：各位有惧妻的爷们儿，看这桥段眼熟不？）

好吧，我的矫情劲儿上来了。今天和豆腐死磕！是不是男人都爱吃豆腐？我爸爱吃，大民也爱吃。豆腐有什么好吃的？软软的还有股奇怪的卤水味道。南豆腐也不好吃啊，完全没有口感可言，一碰就碎了。为什么要吃豆腐？大豆蛋白和大豆异黄酮可以通过豆腐干、豆腐丝摄取啊。为什么要买豆腐？买回来放到房间里就能闻到浓浓的豆腐味道。煮到汤里汤变味，做到菜里菜变味，豆腐还会吸收其他食物的味道，它自己变得好吃了，其他菜怎么办！

为了吃豆腐这个事情，我没少和大民折腾，最后他退而求其次，一般只选择不是卤水的豆腐，我也让步了，只要在我吃完了火锅之后涮，或者我不在家的时候他自己吃我都不会反对。

每个人都有爱吃和讨厌吃的食物吧？我这矫情劲儿不过分吧？（大民：不过分，但是您没事儿老抱着个榴莲追着熏我是怎么个意思？）

好过分？好吧，那我继续改。要不我们吃鸡蛋豆腐吧。或者吃点重口味的吃不出豆腐味道的豆腐？

我看行，那就这么做吧！

材料

北豆腐 300g	郫县豆瓣酱 10g
（大概 1 块）	生抽 5g
玉米淀粉 30g	醋 5g
大葱 1/2 根	砂糖 10g
大蒜 2 瓣	清水 10g
3 色彩椒各 30g	干淀粉 3g
熟花生米 15g	食用油 20g
干辣椒 6～8 个	红油 5g
花椒 25～30 粒	

做法

① 北豆腐切成 2cm 见方的块，然后用厨房纸巾擦干上面的水分，撒玉米淀粉滚匀。

② 烧一锅热油，油温大概 150 度，下入滚好淀粉的豆腐块，炸到豆腐变金黄捞出备用。

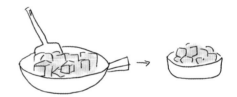

③ 把郫县豆瓣酱 10g，生抽 5g，醋 5g，砂糖 10g，清水 10g，干淀粉 3g，红油 5g 混合成碗汁。

④ 大葱切 1cm 长的寸断，大蒜切成蒜末，彩椒切成 2cm 大小的方块，辣椒剪成 3cm 长的段备用。

⑤ 炒锅烧热，加入食用油，油微微冒烟下入干辣椒和花椒，然后下入炸好的豆腐块、大葱段和蒜末翻炒均匀，倒入准备好的碗汁大火翻炒，然后下入彩椒块和熟花生米出锅。

蓝蓝tips:

1. 炸好的豆腐配上花椒盐就是一道很好的下酒菜，爱偷懒的别说我没告诉你。

2. 宫保菜就是甜和辣的完美融合，糖比较多，只要比例是糖和醋 =2:1 ，味道基本不会差。

3. 郫县豆瓣酱和生抽都是咸味的，所以这道菜就不用放盐啦。

4. 同样的做法，换成没有小刺的深海鱼丁也很美味。

蔬菜也要重口味才行

辣味双脆

蓝蓝营养课

芦笋所含蛋白质、碳水化合物、多种维生素和微量元素的质量优于普通蔬菜,它低热量,高膳食纤维。芦笋中也含有适量维生素 B_1、维生素 B_2,烟酰胺,维生素 A。芦笋中含有丰富的叶酸,大约 5 根芦笋就含有 100 微克左右的叶酸,可满足每日人体叶酸需求量的25%。芦笋里丰富的维生素和矿物质可以促使细胞生长正常化,具有帮助防止癌细胞扩散的作用,国际癌症病友协会研究认为,它对膀胱癌、肺癌、皮肤癌等有一定的辅助食疗作用。芦笋里钾元素丰富,钾元素可以帮助调节体内渗透压,是高血压患者的推荐食物。

但是芦笋不适合长期保存也不适合高温和长时间的烹饪。长时间保存不但会让蔬菜的口感较差,而且也会让里面的维生素 C 等维生素被破坏,同时叶酸受热极容易被破坏分解,所以烹饪时也尽量避免长时间和高温的烹饪,简单的焯水或者大火快炒是对芦笋最好的处理方式。

爱の印象

"老婆,有没有不那么清淡的蔬菜?"

"蔬菜还要不清淡?蔬菜都是清淡的才好吃呀。吃的就是蔬菜本身的味道。"

"蔬菜没有肉好吃啊,都是没味道的,如果你能做个有味道的蔬菜,那我就同意以后多吃蔬菜。"

"大民你找茬啊!"(大民:战斗力开始飙升了,头发也立起来变金黄色了!)

"嘿嘿。难倒你了吧,看你还逼我吃蔬菜。"

小宇宙爆发了!怎么会被大民难倒呢。为了让不爱吃蔬菜的大民多吃蔬菜,我想尽了办法让蔬菜有味道。泡椒辣酱炒圆白菜,黄酱炒小油菜,XO 酱炒西兰花,总之就是重口味。

做来做去，他最爱的还是这道辣味双脆。微微的辣和酱香，配上脆脆的蔬菜。不能说是完美的搭配，却也是很好的组合。

　　只要你能多吃蔬菜，上山下海我也要挖出你爱吃的味道，只因为这样对你身体好。

材料

豇豆 6 根
细芦笋 20 ~ 25 根
酱油 15g
食用油 5g
小米辣 1 个

做法

❶ 豇豆和细芦笋切成 5cm 长的段，烧一锅热水加入一点盐和一点食用油（都是分量外），下豇豆焯水到豇豆成熟微微变软。

❷ 准备一盆冰水（分量外），下入焯好水的豇豆，这样能保持颜色鲜艳，小米辣切碎。

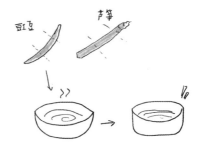

❸ 炒锅烧热，加入食用油，下入芦笋和豇豆段，翻炒均匀，加入小米碎，然后烹入酱油，就好了。

蓝蓝 tips:

1. 这道菜可以热吃，如果是夏天也可以放到冰箱冷藏变凉之后再吃，那样蔬菜也更有味道。
2. 这样的做法还可以把豇豆换成其他自己喜欢的蔬菜，比如芥蓝的茎秆或者黄瓜条。

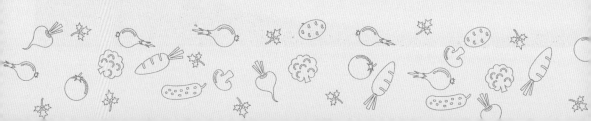

PART 6

"煲煲里" 家的温暖

　　嘘，小声点，别打扰到厨房那一锅汤。汤的温暖就好像家一样。再寒冷的季节，来上一碗热乎乎的汤也能驱散全部的寒气。煲汤的罐子就好像妈妈，包容着我们的一切，旺盛的炉火就是爸爸，他提供给我们需要的全部支持，哥哥是锅里的水，他容忍我们的任性和胡闹，姐姐是一大把青菜，舒舒爽爽去油腻，我当然就是最重要的肉啦！汤好不好我最重要呀！我家就是这锅热乎乎的汤，你家呢？

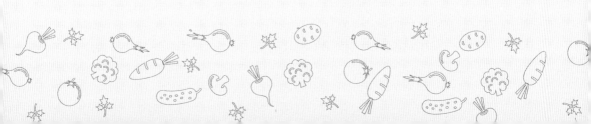

"你是我的眼"

金菊雪龙汤

大民食材课

鲫鱼是四大家鱼之一，不论是红烧、酱焖、清炖都是味道极佳的；挑选鲫鱼的时候要注意，首先要看眼睛，新鲜的鱼眼清澈透亮，鱼鳃鲜红，鱼鳞齐整，如果是活鱼的话，警惕性高，人接近的时候知道闪避，捞起来跳跃有力。食用菊花，已经逐步走入了百姓的餐桌，挑选时，黄色口感比较苦，白色次之，紫色的味道最甜。可以根据个人喜好来选择不同颜色的菊花食用。

我俩都属于比较贫嘴的人，斗起嘴来谁都不饶谁，因为常年从事脑力工作，我脱发严重，索性剃短接近于光头，她便总是拿我的头发说事儿，最喜欢拍着我的光头跟我家煎饼说：爸爸是最亮的，爸爸是节约能源小标兵，家里不能开灯，不然会晃瞎你的狗眼！我接下话茬揶揄她：所以你把眼睛长得这么小，是为了深情凝望我的时候不被晃瞎，你不笑还好，笑的时候还以为你眉毛底下长的是两道眼线呢！她半天接不上话，忽然跳起来瞪大了双眼指着我叫：你那才是狗眼呢，你那才是眼线呢！（蓝蓝："秃豪"，今晚罚你跪键盘，要拿中英文对照版的《长恨歌》交作业！打错一个字别想睡觉！）

我眼见狼烟滚滚战事在即，拉着她的手正色道：你最近工作很忙，十分操劳，经常对着电脑，眼干眼涩在所难免，我准备了一道菜来缓解你的疲劳症状；别忘了你答应我的……

"你是我的眼"，在我老得看不清的时候，你还要拉着我到广场边上，告诉我哪个跳舞大妈最漂亮呢！

在我一头冷汗转身走向厨房的时候，听到她开心地跟煎饼说：看！爸爸给妈妈做好吃的啦！干活儿的爸爸最帅！（蓝蓝：刷碗的爸爸更帅，哈哈。）

材料

鲫鱼 400g	盐 3g
葱丝 5g	枸杞 5g
姜丝 5g	开水 800g
花椒 4 粒	食用油 10g
菊花 50g	料酒 10g

做法

❶ 鲫鱼去掉鱼鳃、鱼线、鱼鳞、内脏收拾干净后用厨房纸擦干，用一部分姜丝涂抹表面。

❷ 热锅凉油，油温达到六成热后放入鲫鱼将两面煎至变色，随后放入料酒、葱丝，另一部分姜丝及花椒煸出香味。

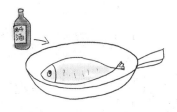

❸ 加入开水，放入枸杞，大火烧至汤色浓白后持续烧 5 分钟。

❹ 汤汁收至鱼身一半时放入盐，装盘时撒上菊花即可。

大民 tips：

1. 收拾鲫鱼的时候，除了去内脏、腮、鱼线、鱼鳞外，一定要用刀刮下鱼身表面的黏膜，还要去掉鱼腹腔内侧的黑膜，这样可以最大限度地去腥。

2. 姜丝擦鱼身，一是为了去腥，同时也可以在煎鱼的时候防止粘锅。

3. 鲫鱼一定要煎透，蛋白质大分子经高温后分解为可溶于水的小分子，同时加开水，这样烧出的汤汁才会呈奶白色，加凉水是不会变白的。

大民说

　　我们相差九岁，成长环境不同，经历不同；她的心很大，偶尔做一些欠考虑的事情，会被我挤兑为心都随着马桶冲走了，而我终日疲于奔忙，有时也会忽略一些美好的事物；其实，两个年代的人在一起，想平稳长久，不就是需要一颗老练沉稳的心，一双新奇发现的眼睛吗？我发觉，在经过了一段婚后不平稳的时期后，她越来越愿意跟我诚恳交流那些原本她习惯回避的话题，而我也越来越中意她替我挑选的那些原本我抵触的色彩鲜艳的衣服了，我们要过得精彩，活得灿烂！我是你的心，你是我的眼！

南巡归来

牛蛙青菜粥

大民食材课

想要把肉质鲜美的牛蛙做得好吃，挑选时需要注意，健康的为首选，大腿边上红肿肥大的是生病的，体型过小是生长周期不够的；另外，颜色浅的多为江浙一带的活水养殖，比福建那种颜色深的口感要好些；再有就是看耳朵大小，耳朵大的是母蛙，产过卵之后的母蛙口感会差，所以要尽量选用耳朵小的公蛙。

 ❤ *爱の印象* ❤

记得在广州出差的时候，她作为我的随身小秘书鞍前马后地帮了不少忙，我自然少不了要犒劳犒劳她，搞不懂是不是当时她黄鼠狼附体了，每天都要吃鸡，什么文昌鸡、清远鸡、风沙鸡、湛江鸡……直到最后一天她终于捧着肚子对我说，都怪你，老让我吃鸡，肚子都起来了，今天不要吃鸡了，听到鸡我都要吐了！当时的我百口莫辩啊，要知道跟女人讲理，简直就是拿自己的脑袋往杠子上撞，所以我告诉她，今天咱们不吃鸡了，喝粥养养胃好不？她满心欢喜地跟我在街头的粥铺要了一份瓦罐粥，喝到开心的时候问我：这里面除了青菜，那个白白的肉是什么啊？又鲜又嫩的很好吃呢！我嘴角一翘，露出白森森的牙齿，笑着说：田鸡……

哎？你怎么了？挺好喝的粥你干吗吐了啊，我眼看着她口吐白沫一头栽到了桌上，复仇的喜悦油然而生！（蓝蓝：老公，你够了，明明田鸡配青菜的粥是我点的好吧。）

材料

牛蛙 1 只　　大米 100g
姜丝 3g　　　食用油 5g
胡椒粉 1g　　青菜 50g
盐 2g　　　　水 1500g

做法

❶ 大米洗净用清水浸泡 2 小时。

浸泡 2 小时

❷ 将水坐开后，放入浸泡好的大米，
倒入食用油加入姜丝大火烧 1 分钟
后转小火煮制 30 分钟。

❸ 牛蛙切成块放入粥中，继续小火煮
5 分钟，放入盐和胡椒粉，关火后
放入青菜即可。

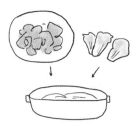

大民 tips:

1. 大米泡得够久才会在煮粥的时候呈开花状，口感达到最佳。

2. 还有个快捷方法，就是把大米放入保温杯，加入开水，盖好盖子保温过夜，第二天再煮可以大大缩短泡制时间。

3. 一定要水开了再下米，这样可以最大限度保证不烟锅底。

大民说

　　好吧，我承认！她口吐白沫倒下都是我幻想出来的画面，事实是她吃得很开心，以至于后来回到北京还要求我做牛蛙青菜粥给她吃，她说自己病了，浑身不舒服，当我端着粥一口口喂她吃完的时候，她十分满足地闭上了双眼，吧唧着嘴跟我说：爱卿这粥煮得不错，治好了朕的馋病，赐你今晚跟朕同寝！我留着宽面条泪谢主隆恩，心里默念：有个爱撒娇的老婆要当个宝，当个宝，当个宝啊当个宝！

藏在保温桶里的亲情

山药羊排汤

大民食材课

羊排以颜色鲜红无异味，表皮相对干燥不黏手的为好；山药，不是越粗越好，直径在
1 ～ 2cm 的铁棍山药最佳，茎秆笔直，须毛多的口感会更细腻，更粉糯，用手掂量，分量
大的水分相对充足，断面黏液多的最好。

♥ 爱の印象 ♥

甜甜蜜蜜也好，吵吵闹闹也罢，在一起久了，两个人相互都会了解得更多，体谅得更
多，渐渐地会进入一种全新的状态，由原来的甜蜜爱情慢慢沉淀为更加厚朴的亲情，这种
状态下，我们会为对方考虑得更多更长远；原来开车出去玩，回程她会很放心得一路睡回家，
现在不论我怎么劝她休息会儿，她都会执拗地陪着我聊天，凉风吹进来的时候，还会帮我
捂着脖子怕我受风。她体质虚寒，原来我习惯于帮她焐手焐脚，现在我更致力于用有效的
食材来帮她改善体质。

有时候我们录节目并不一定会排在一个档期，那是个寒冷的冬天，送她到了录影棚后
我就返回家开始忙活起来。晚上收工了，她接过我手里的保温桶，一口肉一口汤吃得不亦
乐乎，我想那时候，暖的不止是她的胃，更是她的心！（蓝蓝：你不知道多少人眼睛冒着绿
光盯着我这保温桶呢，太危险了，下次还是回家吃吧，踏实。）

材料

羊排 500g	葱段 10g
山药 400g	姜片 10g
枸杞 10g	盐 5g
胡萝卜 100g	料酒 10g
大枣 4 个	水 1500g

做法

❶ 羊排切成小段，用冷水浸泡半小时，每 10 分钟换一次水。

❷ 煮锅里加入 1500g 水，冷水下羊排，放入葱段、姜片大火煮沸后撇去浮沫，倒入料酒，放入枸杞、大枣。

❸ 盖好锅盖小火焖煮 40 分钟后，山药去皮切段、胡萝卜切滚刀块放入锅中继续焖煮 20 分钟。

❹ 筷子可以轻松插入胡萝卜的时候，关火放盐即可。

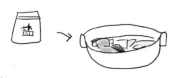

大民 tips:

1. 山药去皮有多种办法，蒸熟或煮熟后剥皮就不会被黏液弄得手痒了，还有个最简单的防手痒方法——戴手套。

2. 这种炖煮的菜最好是用砂锅，砂锅导热均匀可以让口味口感更佳。

3. 一定要最后放盐，先放盐会让羊排不容易炖烂，影响口感。

大民说

后来她承认，那天我去探班的时候，她第一眼看到的并不是我，而是我手里的保温桶！当剧组所有人都啧啧称道这个老公有点赞的时候，她注意力的 99.99% 都在保温桶上，她说因为不知道我带了什么好吃的，所以特期待，就自动把我忽略掉了……

宽面条泪啊！这个吃货！我强压怒火满眼含泪的望向她："我说你除了想好吃的就没点儿别的感受吗？"

"有啊，这满满的都是你对我的爱，亲老公才给放这么多肉呢！"她忽然扑过来抱着我，轻轻地在我耳边说："你这样的好老公，给一百块钱都不换！"

"一百？"我的脸有些抽搐……

"对啊，因为没有比一百更大的面值了啊！"她看着我笑得很开心。

我也笑得很开心，这谁家老婆啊这么会聊天！所有一百面值的放一起都不换哈！

这时，她补了一句："起码再加两块！"

我顿时面瘫了……

记忆里的味道

小白菜丸子汤

蓝蓝营养课

小白菜,春天最容易买到的蔬菜。别看它长相普通,味道也一般,但它可是维生素和矿物质比较丰富的蔬菜之一,绝对可以称得上是我们餐桌上的当家菜呢!最要夸奖的是它的钙含量丰富,每100克小白菜含有90毫克的钙质,但是却只有15千卡热量。拿全脂牛奶对比吧,平均100克全脂牛奶含有100毫克钙质,但是全脂牛奶的热量比较高,有55千卡。而且除了钙,小白菜里还富含丰富的维生素A、维生素C、钾还有叶酸。这都是我们每天必需的营养元素。如果你每天能吃200克小白菜,就能满足一天1/4的钙质需求和一部分维生素A、叶酸的需要,它丰富的维生素C还能帮助你的皮肤变得更有弹性。当然,它还富含很重要的膳食纤维,能帮助促进肠道的蠕动,如果你有习惯性便秘,不妨多吃一些小白菜。

❤ 爱の印象 ❤

小白菜丸子汤,这大概是每个人记忆里都会有的一道菜。大民特别愿意给我做这道菜,从一开始吃他做的饭到现在都是这样。

尤其是每年春天,农庄里的小白菜大丰收了,每周都会送来一捆,我屡次要求吃虾皮小白菜都被他拒绝,甚至致使我买的虾皮还没吃就过期了。真是不知道他为什么对小白菜丸子汤这么热爱。终于有一天,他告诉了我,他热爱这道菜的原因。

那是在我还没有出生的年代,在一个工厂大院的幼儿园,一队排列整齐的小朋友在中午时分欢快地走向食堂。食堂胖胖的大师傅,先是装一勺米饭在搪瓷小碗里,然后拿着一个巨大的勺子,从一个已经满是斑驳的白色铁皮桶里舀出来一勺小白菜丸子汤,每一勺里都有几个丸子和一些小白菜叶子,这就是幼儿园今天的午饭。

哇!今天金宝碗里有5个肉丸子,他真是好运气;小静运气不好啊,只有2个,其他都是小白菜,好可怜。我的很好,有3个半,但是另外的半个去哪儿了?是不是我端回来的路上被小光偷吃了？哈哈，小颖真倒霉，第一口就吃到了 一大块姜，她肯定把姜当成肉片了，我肯定不会，姜怎么是肉片呢，她好笨。

"别东张西望，好好吃自己的饭。"幼儿园阿姨对着那个大家都在低头吃饭，只有他这个抬着头四处张望的孩子说道。

啊呀！被敌人发现了，赶快隐蔽。下次侦查可要小心，不能让敌人了解我的侦查方向。我要赶快吃，快把米饭里藏的丸子挖出来，这样吃得快，吃完了赶快去睡房侦查，看看有没有反动分子破坏我们午睡。

这就是大民对小白菜丸子汤特殊爱好的全部回忆。我觉得这是他杜撰的，（大民：我觉得都是你杜撰的好吗！特别是吃着饭侦查那段儿！）我怎么从来不记得我幼儿园里发生的事情？他肯定是为了掩饰自己特别爱吃小白菜丸子汤在找借口！一定是！但是这猪竟然说是因为我太笨，脑仁小所以才会记不住。哼，猪怎么可以和人比智商呢，明明是我更聪明。想骗我没门。（大民：请问你有什么好骗的？！你那个智商骗起来好没成就感的，好吧！）

材料

小白菜 300g	大料 1 枚
猪肉馅 100g	盐 3g
姜末 3g	酱油 10g
姜 3 片	香油 适量
大葱 1 段	

做法

1 小白菜洗净，切成 5cm 长的段，备用。

2 猪肉馅加入姜末、酱油、一点儿香油还有 2g 盐搅拌成猪肉馅。

3 烧一锅热水，加入葱段、姜片和大料，当 水温达到 80 度（锅四周开始起小小的气泡） 时转下火，把猪肉馅挤成丸子下入锅中。

4 当水全部沸腾，丸子慢慢漂浮到水面上， 下入小白菜，转中火，煮 3 ~ 5 分钟，然 后加入 1g 盐，即可食用。

蓝蓝 tips:

1. 小白菜尽量选嫩一点的，如果太老，煮的时候会有涩涩的味道。

2. 调猪肉馅的时候我放了一点酱油进去，这样吃的时候不会觉得猪肉油腻，而且汤里会有淡 淡的颜色。

清肺止咳又化痰

霸王花雪梨汤

蓝蓝营养课

霸王花，一种经常被热爱美食的南方同胞拿来煲汤的汤料。它有一种淡淡的甜味，煲出来的汤也格外清爽。霸王花是一种仙人掌科量天尺属、多年生的攀缘草本植物，生长在高度 400 米至 1300 米的森林丘陵地上。它没有根、叶和茎，靠底部丝状纤维物寄生在一些野生蔓藤上，从蔓藤上吸取养分，在每年的端午节和中秋节之间开放。

霸王花的营养价值很高，其中每 100g 干制霸王花的营养成分含量大约为：蛋白质 1.81g，粗纤维 2.78g，钙 961.27mg，磷 328.45mg。霸王花至少含有 13 种氨基酸，其中苏氨酸、亮氨酸、异亮氨酸、苯丙氨酸和赖氨酸为人体必需的氨基酸。同时还含有人体必需的矿物质如铜、钙、铬、锌等元素，用来煲汤可清火、化痰。

♥ 爱の印象 ♥

北京总是有很多雾霾的坏天气，春秋天又干燥异常。大民还从事了一种叫做 "广告" 的行业。每天各种接触客户，辛苦讲标，熬夜抽烟写方案。因为自然环境加上工作环境双重影响，所以他有慢性咽炎，秋冬换季或者说话多了就特别痛苦。（大民：说实话，有段时间你总跟我吵架，那时候跟你吵一个钟头，比整天跟客户说话都辛苦，现在不怎么吵了吧，还有煲汤喝，嗓子润润的还真有点不适应，哈哈！）

煲汤给他喝成了我经常会做的事情，能在晚饭的时候喝一碗暖融融，鲜美又清爽的汤成了必修课。

当然也别忘了给抽了几十年烟的爸爸带出一碗，听到他早晨不停咳嗽真是让人揪心；再给爱唱歌的妈妈盛上一碗，妈妈每天都要去公园唱歌，保护嗓子是最重要的，哦，对了，妈妈爱吃梨，梨要多来几块；哥哥每天工作要不停和别人谈判讲话，慢性咽炎也是让他头疼的困扰，赶快也喝上一碗吧，润润嗓子好继续明天的工作。

喝汤到底好不好，已经不需要再去分析和评论了。我们要的就是一碗热汤带给家人的爱和幸福的分享。

材料

干霸王花 50g
中号雪梨 2 枚
龙骨 4 ~ 5 块
纯净水 1500g

做法

① 霸王花用清水冲洗掉上面的尘土，雪梨洗干净一分为四，龙骨洗干净备用。

② 砂锅里倒入纯净水，冷水下入龙骨，然后大火烧开，撇去上面的血沫，下入洗干净的霸王花转小火炖煮 1 小时。

③ 1 小时后看到霸王花变软，汤色变得微微发黄加入切好的雪梨再煮 30 分钟就好了。

蓝蓝 tips:

1. 如果爱喝甜味的汤那就把雪梨的量增加到 3 ~ 4 枚，这样梨煮出来的汤汁会让一锅汤水都变得更香甜。

2. 秋冬季节还可以加一些百合和莲子进去，每种各一把，事半功倍。

精华都给你

虾籽小捞面

蓝蓝营养课

荞麦——我们日常生活中接触得比较少的主食。荞麦的好处多多，作为每天吃了太多精细粮食的城市人，应该把荞麦搬上餐桌，甚至让它成为餐桌上的一个常客。

它的蛋白质中含有人体需要的 8 种必需氨基酸，其中丰富的赖氨酸可以和缺少赖氨酸的大米、小麦、玉米等主食互补。荞麦的铁、锰、锌等微量元素含量比一般谷物丰富。荞麦含有丰富的维生素 E 和可溶性膳食纤维，可以帮助降低血脂、促进肠胃蠕动；同时还含有烟酸和芦丁，芦丁有辅助降低人体血脂和胆固醇、软化血管、保护视力和预防脑血管出血的作用。它含有的烟酸成分能帮助促进机体的新陈代谢，增强解毒能力，还具有帮助扩张毛细血管和降低血液胆固醇的作用。荞麦含有丰富的镁，能促进人体纤维蛋白溶解，帮助血管扩张，抑制凝血块的形成，具有一定的抗栓塞的作用，也有利于降低血清胆固醇。

荞麦中的某些黄酮类化合物还具有一定的抗菌、消炎、止咳、平喘、祛痰的作用。因此，荞麦还有 "消炎粮食" 的美称。另外，荞麦的营养成分还具有降低血糖的功效。中医认为，荞麦性味甘平，有一定的健脾益气、开胃宽肠、消食化滞的功效。

♥ 爱の印象 ♥

大民是一名光荣的糖尿病患者，我妈妈看到电视里说荞麦面对糖尿病人来说是很好的主食，从那天开始，我家里就没少了我妈做的手擀面——当然是荞麦的。

我们可以感受到妈妈的那份心情，同样的我们也想把自己认为最好的东西分享给对方。哪怕是一个鸡蛋一碗清汤面，也希望你吃到的是最可口，最健康的。单纯吃面，还是荞麦面总是单调，而且荞麦淡淡的苦味也让口感变得不那么完美。加上一勺虾籽，补充一上午必需的蛋白质和脂类，一点儿青菜和两块鱼豆腐再配上一碗浓浓的鸡汤，一上午需要的大部分营养素都浓缩在这一碗面里了。

这样的一碗面里，包含了两代人的爱。一直延续下去，还会有第三代、第四代或者更多代吧。（大民：好期待啊，用充满爱的美食把孩子喂养大，以后让孩子当裁判，每周评比，爸爸赢了，妈妈刷碗，妈妈赢了，爸爸看妈妈刷碗，哈哈！）

材料

荞麦面 2 人份
虾籽 10g
小油菜 6 棵
鱼豆腐 4 片
鸡汤 500g
香葱 适量

做法

❶ 烧一锅热水，水开下入荞麦面，煮到面 8 成熟，捞出放到凉开水里过凉，再放到碗中备用。

❷ 小油菜、鱼豆腐放到开水里烫熟后放到面上。

❸ 香葱切末，鸡汤烧热，倒入放好面的碗里，撒上一点葱末和一勺虾籽。

蓝蓝 tips:

1. 可以把荞麦面换成你喜欢的其他面条，不过更推荐使用杂粮或者全麦的面条。

2. 如果作为早饭，建议把青菜的量稍微加大一点儿，这样就很完美了。

3. 虾籽有点腥，如果用清水做汤头会觉得腥味很难接受，所以一碗鸡汤真的很重要。

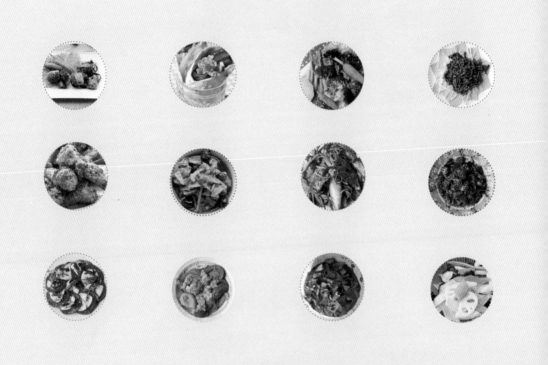
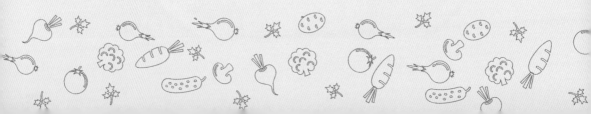

PART 7

我们都是冠军
——厨房里的擂台赛

厨房如战场，我家的厨房里战火纷飞，硝烟弥漫，每天都上演着谁也不服谁的较量。这较量在明处，看看谁做的红烧肉更好吃。这较量在暗处，到底谁的创新能被认可。这较量每天和我们一起长大，在这样的战场里，我们都是冠军，我们更加相爱。

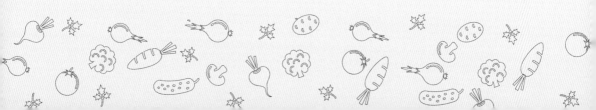

美食 PK
老婆的 五花肉
煎海苔芝士肉卷

蓝蓝营养课

　　海苔，是一种在我们日常食物中经常出现也经常易被忽略的食物。它价格亲民，营养价值丰富，英国研究人员在 20 世纪 90 年代就发现海苔可帮助杀死癌细胞，增强免疫力。海苔中所含藻胆蛋白具有辅助降血糖、抗肿瘤的作用，其中的多糖具有帮助抗衰老、降血脂、抗肿瘤等多方面的生物活性。海苔中所含的藻朊酸，还有助于清除人体内带毒性的金属，如锶和镉等。

　　海苔含有丰富的维生素和矿物质，它含有 12 种维生素，特别是丰富维生素 B_{12}。维生素 B_{12} 有一定的活跃脑神经，帮助预防衰老和记忆力衰退，改善忧郁症之功效。每天只要食用 3 片手掌大小的海苔，便可补充人体一天所需的 2.4mg 维生素 B_{12}。此外，海苔还富含钙、钾、碘、铁、锌等矿物质。

　　海苔也富含 EPA 和 DHA，并含有大量可以降低有害胆固醇的牛磺酸。牛磺酸有利于保护肝脏，让人精力充沛。海苔的 1/3 是膳食纤维。多食膳食纤维可以保持肠道健康，帮助致癌物质排出体外，特别有利于预防大肠癌。

♥ 爱の印象 ♥

　　大民做的五花肉特别好吃！不论是炖的还是炒的。（大民：本年度最诚实点评，哈哈！）

　　我家猪肉的消耗量最大的部位就是五花肉。我怎么才能做得更好吃呢，不能总是我经常惦记他做的五花肉，他都没有特别想要吃我做的呀。

　　对于五花肉，我第一个想法就是肥肉比瘦肉多，特别油腻，适合炖或者蒸了吃，这样可以最大限度的让肉里的油脂释放出来。其他方法都很难让肉里面的油脂释放出来。如果拿来炒菜，做小炒肉什么的又太考验刀工和火候，不适合懒惰的我。

　　想要吃肉，又想少吃油，更健康，我突然想到了韩国烤肉的烤五花肉，五花肉被烤得焦焦的，油脂也都随着烧烤的过程释放出来了，多吃几块也没有那么重的罪恶感。但是单纯吃烤五花肉又觉得单调，还要配上些什么才好。

心动不如行到，我赶快买了五花肉操练起来，卷成金针菇五花肉卷，虽然好吃但是少了心意，而且和培根一比，味道也差了很多。切成肉丁和蔬菜一起做烤什锦蔬菜丁，蔬菜被五花肉的油脂浸满了，想少吃油的目的并没有达到。

突然想到了紫菜包饭，于是把各种食材包在紫菜里再包上五花肉，配上些水煮的青菜，味道很好，而且该缩脂的缩脂，该清淡的清淡，正好！

做好后，端给大民，他也被这道菜外面焦脆的肉肉和里面软化的奶酪吸引了。于是这道菜也成为我家餐桌上经常出现的一道招牌美食。

一道我们都喜欢的好菜，就是在这样的暗暗角力中得来的。（大民：这事儿不公平，做得不好吃的从来都是我负责吃光，我要求改赛制！）

材料

猪五花肉薄片 6 片（无皮）

海苔 1 大片

奶酪 30g

盐 适量

黑胡椒 适量

干面粉 适量

橄榄油 5g

新鲜的百里香 1 枝

洋葱 20g

各种蔬菜 适量

做法

❶ 取 2 片猪五花肉薄片，撒适量盐和黑胡椒腌制 3 分钟，然后撒一点干面粉，拍匀，再把多余的面粉抖下去。

❷ 取一块 8cm 见方的海苔，放上一块奶酪，包好然后取 2 片腌制好的猪五花肉薄片交叉叠放成"十"字形， 把海苔奶酪包放在"十"字中心点。

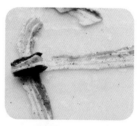

❸ 百里香切碎，洋葱切碎；分别把"十"字的四边顺时针向内，朝海苔奶酪包卷起，卷到最后一边时涂抹一点清水在五花肉片上，压实，撒百里香碎备用。

❹ 平底锅烧热，放入橄榄油，然后把卷好的五花肉包放到平底锅中，封口的最后一片五花肉朝下，中火煎 3 分钟，随后放入洋葱碎调味再翻面，继续煎 3 分钟。

❺ 把准备好的各种蔬菜焯水后摆在盘子上，最后放入煎好的海苔芝士肉卷。

蓝蓝 tips:

1. 五花肉薄片可以去买烧烤用的无皮五花肉或者是培根，那样更省事。
2. 这道菜蛋白质含量丰富，所以配菜也请尽量丰富，如果只要焯水能熟就不要炒了，不然油脂摄入就太高了。

美食 PK

老公的 五花肉

酱五花卷饼

大民食材课

五花肉，顾名思义，五花三层，一定是肥瘦均匀相间的才好，新鲜的五花肉没有血性斑块或出血点，肉体颜色鲜红按压有弹性，切时表面不黏手，五花肉分上五花和下五花，上五花比较瘦，适合炒菜；下五花比较肥，更适合炖来吃。

❤ 爱の印象 ❤

我们曾经在旅游卫视录制过一期夫妻档美食 pk 的节目，内容就是用同样的食材每人做出两道菜来让大家品鉴；她主攻西餐，我擅长中餐，用的是不同的烹饪手法，但是和以往参加的任何一档地方卫视的美食节目一样，所谓比拼的结果并不重要，重要的在这个过程中，我们如何努力地相互学习，如何用自己所擅长的为对方呈现自己心中的爱。（蓝蓝：老公，你确定吗？其实你还是很在意输给我这个事实吧？啊哈哈哈……）

材料

五花肉 500g	盐 4g
面粉 400g	冰糖 10g
花椒面 5g	生抽 20g
食用油 15g	老抽 10g
葱段 15g	料酒 15g
姜片 10g	香油 10g
蒜片 10g	彩椒条 50g
花椒 2g	黄瓜条 50g
八角 5g	生菜叶 50g
干辣椒 5g	水 240g

做法

1. 面粉加入适量水揉成面团室温醒发 30 分钟，面要软一些。

2. 热锅不放油，将五花肉切片放入煸炒至出油，放入葱段、姜片、蒜片、花椒、八角、干辣椒继续煸炒。

3. 作料炒出香味儿后，倒入料酒、生抽、老抽，放入冰糖大火烧开后转小火盖好锅盖焖煮 30 分钟，最后起锅时放盐。

4. 小火烧热饼铛，将面团擀成饼状，涂抹少许香油，撒上适量花椒面后对折捏好边角，揉成团状，再次擀为饼状，重复上述操作一次，将擀好的饼直接放入饼铛。

5. 饼单面成熟后，翻面，放入少许油继续小火加热至两面成熟。

6. 饼中放入五花肉、生菜叶、彩椒条、黄瓜条，卷起即可食用。

大民tips：

1. 花椒面现场自制会比买来的香，热锅不放油将花椒放入炒制成熟后，用擀面杖擀碎即可。
2. 家里有老人孩子的，建议炖煮五花肉的时候加入适量开水，焖煮时间延长一些，锅盖不严实的用湿毛巾盖一下，这样肉质更易软烂，口感效果更好。
3. 烙饼的面一定要软一些，这样饼熟了不会很干。

 大民说

　　实话实说，我第一次烙饼很失败，那真的就是一块饼——干！扔地上都当当地响啊，还不碎，估计用力点丢出去都能砸到我家煎饼；还好，我有个擅长做西餐面点的老婆，是她！拯救了我家煎饼以及附近方圆三十里的狗狗们，自从受她指点后，我烙起饼来，腰不酸了，背不疼了，一口气烙五张饼都不喘粗气！这充分说明了，两个人在一起互帮互助相互学习的重要性！

美食PK

老婆的 猪里脊

味噌烤猪排

蓝蓝营养课

猪里脊是猪肉里面相对来说胆固醇比较低、蛋白质含量比较高的部分。100g 猪里脊有 155 千卡的热量，55mg 胆固醇，而 100g 五花肉的热量高达 568 千卡，胆固醇有 110mg。同时，100g 猪里脊含有 317mg 的钾，5.25mg 铁，184mg 磷，而 100g 五花肉只含有 214mg 钾，1mg 铁和 96mg 磷。

所以相对于猪肉来说，猪里脊只含有相对低的热量，但是可以提供更多的营养成分给我们的身体。

猪里脊肉相对细腻，几乎没有肥肉和筋膜，更适合儿童和老年人食用，它含有丰富的优质蛋白质和人体必需的氨基酸，同时还可提供血红素铁（有机铁）和促进铁吸收的半胱氨酸，能帮助改善缺铁性贫血。

但是再好的食物也要适量，成年人每天不宜超过 100g 猪里脊，儿童每天不宜超过 50g。

♥ 爱の印象 ♥

"我们买块猪里脊吃吧？"

"为什么？五花肉多好吃，猪里脊不香啊。"

"但是猪里脊健康啊，炒菜也挺好吃的呀。"

"不好吃，猪里脊炒菜太干了，还是五花肉好，炒出来的菜油油润润的。"

大民是不爱吃猪里脊的，只爱吃五花肉。但是五花肉油脂含量太高了，并不适合经常吃。为了能用猪里脊代替五花肉，我可没少想办法。

感觉让他吃下去他不爱吃的东西就像是一场战争，里面各种排兵布阵都要充满智慧，走错一步就要推翻重来。对一种食物从不喜欢到喜欢，需要用很多场精彩的战役去征服他挑剔的味蕾，甜味的，辣味的，鲜嫩的做不成那就干脆做成足够硬足够磨牙的好了。

斗法了一段时期，终于找到了我们和猪里脊的那个契合点。

只要对他的身体好，那就把这种充满油烟的战争继续下去吧！（大民：老婆，我要跟你斗争到底！没有你的挑衅和挑剔日子好平淡！）

材料

猪里脊 150g
味噌 30g
米酒 10g
砂糖 10g
橄榄油 5g
白芝麻 适量
各种新鲜蔬 适量

做法

❶ 味噌加上米酒和砂糖混合成调味糊，猪里脊切成 5mm 的厚片，放入调味糊里腌制 1 小时。

❷ 腌制好的猪里脊拿出来，用水冲洗干净上面的调味料，然后用厨房纸擦干水分。

❸ 平底锅烧热，加入橄榄油，油微微冒烟加入腌制好的猪里脊，一面煎烤 1 分钟撒上白芝麻，然后翻面再撒上白芝麻继续烤 30 秒。

❹ 各种新鲜的蔬菜焯水，和猪里脊一起摆盘。

蓝蓝tips:

1. 猪里脊要去掉表面的筋膜，这样才能保证口感够嫩。

2. 如果家里没有味噌可以替换成黄豆酱加一点酱油，味道也很好吃。

3. 这道菜的做法还可以把猪里脊换成鸡胸肉或者牛里脊，味道同样好。

美食 PK

老公的 猪里脊

京酱肉丝

大民食材课

做这道菜最好选用猪里脊肉，这是猪身上最嫩的一条肉，猪里脊肉分外脊和内脊，外脊肉质相对粗糙，价格相对低；内脊更细腻，价格也相对高；同样的里脊肉，颜色暗红的是比较老的，颜色淡红色的品质比较好，肉质也较柔软，做出来味道最好。

❤ 爱の印象 ❤

我俩有个共同的爱好，就是不管去到哪个城市，最喜欢逛的绝不是商城卖场，而是街头巷尾的菜市场！不论是南方的广州、香港、澳门，还是异国的东京、曼谷、堪培拉；我们去过的每一个城市的菜市场，都留下过我们的足迹！每离开一个城市，行李箱都被我们装得满满的！行李箱装得最多是风味各异的食材，造型奇特的餐具，各式各样的厨房用品……（蓝蓝：每到一个地方行李箱都不够用，还要买新的，咱俩都可以开店卖行李箱了。）

最夸张的还是去周边省市：去一趟天津，带回半扇猪；去一趟河北，带回半扇猪；去一趟辽宁，带回半扇猪；弄得我家在相当长一段时间里，两个冰箱都是满的，随手开个冰箱门，都会掉出来个猪蹄，或是五花肉、里脊什么的……（蓝蓝：那是你不会收拾，要是我来收拾，就算动物园的大象来了我也能给塞进冰箱里，保证掉不出来！）

材料

猪里脊肉 300g　盐 2g
淀粉 15g　　　白砂糖 5g
鸡蛋清 1 个　　生抽 10g
食用油 30g　　香油 5g
葱白丝 40g　　料酒 10g
豆腐皮 80g
甜面酱 80g

做法

① 猪里脊肉切成细丝，用淀粉、鸡蛋清、生抽、料酒腌制备用。

② 豆腐皮切成方形铺在盘底，葱白丝码放在豆腐皮上。

③ 热锅凉油，油温达到六成热放入肉丝滑炒，肉丝变色后盛出来。

④ 小火烧锅底油，放入甜面酱煸炒，并不停搅拌。

⑤ 酱炒香后，开大火放入白砂糖、盐、肉丝快速翻炒至入味，淋上香油出锅盛盘即可。

大民 tips:

1. 横切牛羊竖切猪，切里脊肉丝的时候刀和肉的纹理方向是平行的，这样切出来的肉不会散。
2. 炒甜面酱的时候，要用小火，一定要不停搅拌，不然酱很容易糊锅。

世界上没有两片完全相同的叶子，两个人在一起不可能什么都完全一样，但是随着时间的推移，有些方面会慢慢同化；她原来只爱吃菜，口味清淡，我正相反，无肉不欢，口味浓重；现在我们都有了变化，为了改善虚寒的体质，她会比以前吃肉多一些，而我为了降低血糖血脂，也会比以前吃菜多一些；当做一件事情的前提和方向是为了对方着想的时候，任何改变都会比你想象得要容易，也更自然！

美食 PK

老婆的 三黄鸡

韩式炸鸡块

蓝蓝营养课

炸鸡块，即便是不健康，又有谁能拒绝这样的食物呢？至少我不能。虽然电视里、网络上、报纸杂志每天都在说油炸食品的坏处，但油炸食品的美味却让无数人就算明知道它对身体健康不好也还是要大快朵颐吧。油炸食品要怎么吃才健康？至少吃下去可以让我们减少负罪感，让身体觉得更舒服。

首先，尽量减少外食油炸食品。外面常用来炸制食物的植物油一般为欧米伽 -9 脂肪酸，这是一种单不饱和脂肪酸，并且属于我们身体非必需脂肪酸，也就是这样的油脂对我们的身体是非必需的，如果摄入过多，反而会给身体造成不必要的负担。炸油在锅里长期的加热，炸制食品，炉火的高温会让欧米伽 -9 脂肪酸变成饱和脂肪酸，甚至会是反式脂肪酸。这样的脂肪酸更是非必需脂肪酸，甚至会给我们身体带来更大的代谢和吸收负担。小商小贩为了贪图利益，一锅油会循环使用很久，如果你真的想吃油炸食品，那就辛苦一点，自己在家制作，把对身体的负面影响减少到最低。

其次，油炸食品的调味都比较重。也会造成过度的食盐，也就是钠的摄入。过量的钠会给我们的心脑血管造成负担，尤其是已经患有心血管疾病的人群或者中老年人更要减少重口味的油炸食品的食用。

最后，油脂的香气，食盐的过度添加，会让你感觉不到食材是否新鲜，很多摊贩出售的油炸小食有可能使用不新鲜的肉制品或者其他材料，所以吃完油炸食品很多人会腹泻。高温虽然可以杀死大部分细菌和病毒，但是对腐坏的蛋白质，高温是没有办法改变的。

❤ 爱の印象 ❤

"老公，我们去吃 KFC（肯德基）吧，好想吃炸鸡啊。"

"KFC 不好，别去吃了，你要是想吃我给你做吧。"

"那好吧，自己做，好吃还省钱。"

于是，大民就给我做了一份炸鸡，而且是特别有"妈妈味道"的炸鸡。

"老公，这是炸鸡？这明明是蒸熟的鸡腿过油炒呀！一点也不好吃。我要吃外皮脆脆的，里面嫩嫩的充满肉汁的炸鸡啊！炸鸡！"

"你喜欢的那种炸鸡不健康，还浪费了一大锅油，炸了鸡的油还怎么用啊，多可惜啊，蒸熟了过油煸煸就好，好吃还健康，而且也有肉汁啊，丰富的营养都蒸在碗里了，你吃完炸鸡还能喝点鸡汤。"（大民：我越来越觉得，爱你就是要你健康地活着，给你的爱每天都在变得更细致！）

"哼！你糊弄我，我不和你好了。"（大民：这话您都过六万多遍了，好吧！有新台词没？！）

还是让我来做一份好吃的炸鸡来给你大快朵颐吧！

材料

鸡翅根 8 个	干面粉 适量
酸奶 20g	鸡蛋 1 枚
大蒜粉 1g	面包糠 适量
辣椒粉 1g	炸油 适量
白胡椒 0.5g	沙拉菜 1 份
新鲜的百里香和	喜欢的蘸料 1 份
迷迭香 各 1g	

做法

❶ 把鸡翅根、酸奶、大蒜粉、辣椒粉、白胡椒、新鲜的百里香和迷迭香放到一个容器内，腌制鸡翅 30 ～ 60 分钟。

❷ 取出腌制好的鸡翅，蘸薄薄的一层干面粉，鸡蛋打成蛋液，然后蘸全蛋液，最后再滚匀面包糠，滚匀后用手把面包糠抓实，防止面包糠油炸时脱落。

❸ 取一个 16cm 的小奶锅，倒入 1/2 锅油，油温加热到 150 度，下入鸡翅，小火浸炸 3 ～ 4 分钟，然后转中火炸到鸡翅变成金黄色，至可以漂浮在油面上捞出。

❹ 捞出的鸡翅放在吸油纸上，控一会油，然后和各种沙拉菜、蘸料一起装盘。

蓝蓝 tips:

1. 选择鸡翅根的原因是鸡翅根比较小，而且相对鸡翅中鸡皮少，油脂含量也少，这样能减少一部分油脂的摄入，如果你爱鸡翅中也可以用同样的方法炸制。

2. 如果是一只全鸡来做炸鸡块，记得让商家帮你切成 5cm 左右大小的鸡肉块，太大的鸡块容易炸不透。

3. 加入酸奶的目的是为了让鸡肉更嫩滑，水分更足。酸奶里的益生菌可以在腌制的时候就帮我们提前消化一部分鸡肉里的蛋白质，所以口感会特别好。

4. 炸鸡的油还可以再利用，拿来炒一些有肉的菜完全没问题，我们用了最小号的锅来炸，用的油本身就减少很多了，而且一点不浪费。

美食PK
老公的 三黄鸡
烧酒鸡

大民食材课

　　三黄鸡，因其黄脚、黄嘴、黄毛而得名，购买三黄鸡的时候主要是看外观，首先鸡皮的颜色鲜亮呈淡黄色，白色的是白条鸡，做这个菜最好选用三黄鸡，会比白条鸡的味道口感好；另外，新鲜宰杀的鸡爪是不弯曲的，表面鳞片有光泽，这样新鲜的食材才能保障菜品的好味道。

♥ 爱の印象 ♥

　　自从在广州出差后，她有很久没再吃过鸡，哈哈，不过我知道，她确实是蛮喜欢吃鸡的，不管怎么做她都爱吃，所以我也在偷偷地学着做；红烧？酱焖？跟哥们儿喝酒才那么做呢，给她做，就要符合她的口味，所以我尝试着给她做了一道补养身体、缓解手脚冰凉症状的改良版的烧酒鸡！（蓝蓝：老公，谢谢你的爱！）

材料

三黄鸡 1/2 只

米酒 100g

水 500g

黄芪 5g

当归 5g

大枣 50g

枸杞 10g

盐 5g

做法

❶ 鸡斩成约 5cm 大小的块后过热水汆烫，洗净备用。

5cm小块

❷ 将鸡、米酒、水及其他配料放入砂锅，大火煮 2 小时后放盐调味即可。

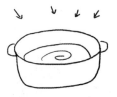

大民 tips:

1. 其实烧酒鸡是不放水的，都以米酒代替，煮沸后在汤面点火，待汤面火灭后改小火炖煮，酒香渗入鸡肉，汤鲜肉烂。

2. 鸡块汆烫后，一定要清洗干净，不然炖出来的汤会浑浊，影响口味。

大民说

　　有了自己的小家，会时常用美食表达着对彼此的爱，但是不要忘记在双方的身后，还有父母们关爱的心，烧一道可口的饭菜，或是回到家帮着干点家务，只要让父母看到我们生活得平稳幸福，就算是对他们多年养育之恩最大的回报，用我们彼此浓浓的爱意让父母的晚年能够更加安心、舒心！

美食PK
老婆的 小海鲜

日式姜味小卷

蓝蓝营养课

小卷，海洋中的软体动物之一，和鱿鱼啊、墨鱼啊都是表兄弟，但是它个头更小，蛋白质和钙质含量更丰富。小卷里富含丰富的牛磺酸——人体的半必需氨基酸。牛磺酸可以帮助调节血糖，降低血液中的胆固醇，保护肝脏，并且能够辅助防治胆结石；同时牛磺酸还可以帮助抑制血小板聚集，降脂降血压效果较好，可用于辅助预防和治疗高血压；其次，牛磺酸对保护视力，促进幼儿大脑发育也有很好的帮助作用；最后，牛磺酸可以调节内分泌系统，增强免疫力，还可以起到保护心肌的作用。所以鱿鱼啊，小卷啊这类的软体海洋动物适当地食用一点也不用担心胆固醇高，因为它们里面的胆固醇都是高密度胆固醇，对身体好处多多哦！但是小卷虽好也不能贪嘴，毕竟还是海里生长的动物，寒凉的属性是躲不开的，尤其脾胃虚寒的亲要多多注意！这道菜里还加了大量的姜丝来中和小卷的寒气，如果你嘴馋爱吃这道菜，做时别忘了也要多放姜。

有段时间我的办公室零食就是速食的满籽小卷，微微甜，很劲道，下午饿了来一个，解馋又果腹。所以有时在一起的时候也拉着大民和我一起吃（*大民：明明是你怕一个人吃胖，非要拉我垫背！哼！*）。他很喜欢，但是吃多了也会觉得太甜了而且腥味很重，不那么可口。

这有什么难的，我买回来生的自己做好了！保证不腥，少放甜更合你的胃口！而且从办公室零食变成了下酒菜，买上一大份小卷，朋友来家里做客，煮上一锅，热吃、冷食都可口，配酒更是极好的！从今天开始，你家的宴客菜里也添上这一道吧。

材料

满籽小卷 12 只　　米酒 20g

芦笋 5 根　　　　酱油 10g

姜丝 10g　　　　食用油 5g

新鲜红辣椒丝 10g　盐 2g

味淋 30g

做法

❶　小卷洗干净，烧一锅热水，下小卷焯水到微微收缩，再把芦笋焯水到断生。

❷　炒锅烧热，加入食用油，下姜丝和新鲜红辣椒丝炒香，然后下入小卷翻炒。

❸　烹入味淋、米酒、酱油，然后转中小火盖好盖子炖 20 分钟。

❹　20 分钟后加入盐，然后转大火收汁即可。

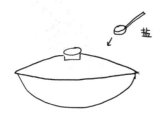

蓝蓝 tips:

1. 小卷就是一种小型的软体鱿鱼类，要挑选肚子饱满、籽多的才好吃。
2. 做这道菜姜丝是很重要的，去腥而且能温暖肠胃，所以一定要多放姜丝哦。
3. 味淋就是一种日式料酒，但是味道比较甜，如果家里没有就用高度白酒加蜂蜜代替吧。

美食PK

老公的 小海鲜

炒烤鱿鱼

大民食材课

新鲜的鱿鱼表皮鲜亮有光泽，肉质肥厚，触摸表皮光滑有弹性，颜色为嫩粉色；不新鲜的鱿鱼看起来颜色黯淡无光泽，肉质脱水，触摸表皮发皱，颜色多为暗黄且发黑，或偏红色，还有颜色太白的是化学原料漂白过的，也不可购买食用。

♥ 爱の印象 ♥

老婆是巨蟹座，一直跟我说她就是海里的大螃蟹，最喜欢大海，也最喜欢吃海鲜；我说你馋就馋吧，找那么多理由干吗，说实话她倒真像个螃蟹，硬硬的壳和不停挥舞的大钳子，都是在过往生活中的经历让她逐渐形成的自我保护，而我要做的呢，就是不停地给她温暖给她呵护，在生活上照顾她，在工作上支持她，工作再忙也在她拍片子的时候一起搭布景换道具，眼睛再累的时候也要撑着帮她检查书稿……看，温度不断攀升，浓情爱意几乎爆表，她现在红了，而我也准备好了姜汁儿醋，吃定了你这个大螃蟹，哈哈！（蓝蓝：哼哼，我真是太好吃了，是不是？）

说起来海鲜，我们也算尝遍了大江南北，国内沿海城市从南到北，国外旅游胜地由东至西，真可谓有鳞的无骨的带壳儿的没刺儿的全都招呼过了，但是平日里最让人难忘的味道到底是什么呢？她咂摸着嘴说，随时都能很方便吃到、而且味道好价格亲民的就是烤鱿鱼了！

确实，铁板鱿鱼深受民众喜爱，忙碌一天下班到摊位上，点上几串，不论是鱿鱼须、鱿鱼板、还是全鱿鱼，花费不多还立等可取，不等烤好就香气四溢，听着刺啦啦的声音就让人食指大动，真是居家旅游考试农耕之必备良品啊！（蓝蓝：这是哪儿跟哪儿呀？）

不过天气热的时候，我倒是宁愿买回家来自己做，也好过烈日下等在炉子边的煎熬，更好过万一吃坏了肚子耽误自己品尝美食！（蓝蓝：嗯嗯没错，我老公做的烤鱿鱼真是居家旅行考试农耕的必备良品啊！）

材料

鲜鱿鱼 600g	干淀粉 10g
洋葱 100g	香葱 3g
美人椒 20g	香菜 5g
葱 5g	盐 4g
姜片 5g	食用油 25g
花椒 5g	开水 800g
辣椒碎 3g	白酒 10g
孜然碎 3g	料酒 10g
五香粉 3g	

做法

❶ 将鱿鱼去除内脏后，切成 3～4cm 的片并打好花刀，洋葱、美人椒切丝，香葱、香菜切碎备用。

❷ 做好的开水放入料酒、葱、姜片、花椒煮2分钟后放入鱿鱼，见鱿鱼打卷变形后关火。

❸ 鱿鱼捞出用厨房纸吸干水分，第一次加盐、辣椒碎、孜然碎，并用干淀粉、五香粉混合后，均匀涂抹鱿鱼表面。

❹ 热锅凉油，油温达到 8 成热的时候，下鱿鱼入锅翻炒并倒入白酒加入洋葱丝、美人椒丝。

❺ 第二次加入盐、辣椒碎、孜然碎进行调味，起锅装盘并撒入香葱、香菜。

大民tips:

1. 给鱿鱼打花刀，要切肚子那个面，这样才能保证焯水后打卷的美观性。

2. 焯水时放入料酒和葱姜是为了去腥，炒的时候放白酒是为了提香，使味道更浓郁。

3. 第一次加入盐和辣椒、孜然碎是为了让鱿鱼有底味儿，第二次加入是使调料在不同油温下味道更有层次感，用打碎的辣椒和孜然会比单纯用粉状的味道香。

4. 我家讲究低盐轻口，口味重的朋友也可以在炒鱿鱼的时候放入适量黄豆酱或甜面酱来提升味道。

大民说

　　我原来烧菜，更在意的是口味口感，用她的话说就是好吃但是没有卖相，我一度觉得好吃就行了，咱就是个江湖派，抱着我烧的菜哥们不喝两口都觉得可惜，这就够了；但是必须承认，在我们一起生活了两年后，她那种学院派的严谨、讲究，也慢慢地侵入了我的生活；我开始讲究烧一道菜，要用哪些配菜，需要如何摆盘，营养配比是不是合理；更重要的是，我们不再是傻傻地简单地烧一道菜，不再只是强调自己的个性和需求，更多的，是在为对方考虑，真正的做到了用爱在烧一道菜！

美食PK

老婆的 西红柿

卡普勒斯沙拉（番茄奶酪沙拉）

蓝蓝营养课

奶酪中维生素 A、D、E 和维生素 B_1、B_2、B_6、B_{12} 及叶酸的含量均极丰富，有利于儿童的生长发育和维持成年人每日所需的大部分营养成分的摄入。同时奶酪中含有丰富的钙、磷、镁等重要矿物质。每 100g 奶酪钙含量达 690 ～ 1300mg（根据奶酪的硬度不同，含量差别比较大），而且大部分的钙与酪蛋白结合，吸收利用率很高。

奶酪中的蛋白质主要是酪蛋白，实际可消化率为 97.5% 左右，高于全脂牛奶 91.9% 的消化率。奶酪中的脂肪为乳脂肪，含量在 5.5%~30.6%，乳脂含有一定量的亚油酸和 α - 亚麻酸，对大脑的发育和健康来说这是必不可少的。乳脂中含有的磷脂酰胆碱和鞘磷脂，与婴幼儿的智力发育有密切关系，同时也能在一定程度上帮助提高成年人的记忆力。

♥ 爱の印象 ♥

来我家开 party 吧！

我们结婚 1 年了，几乎还没宴请过朋友来我们家做客。努力打扫好家里的卫生，把煎饼也洗得香喷喷的，提前几个晚上就写好了菜谱，更是买了我最爱的各种零食招待大家。

这次，我做主角。以前大民的朋友一起聚会吃饭，都是他张罗，他负责做全天的美食。每次都忙得天旋地转，等他上桌吃饭，好吃的都已经被吃完了。他每次和我说他做得好吃被一扫而光的时候眼睛里都充满了快乐和自豪，但是我都会因为他什么都没吃到而感到一点点可惜。

（大民：不可惜，在后厨有一种行为叫做试菜，你懂的！）

不怕，乖，你现在是有老婆的人了，这次，老婆做，老公就负责招待客人一起吃！

当然了，提前打下手是必须的。

6个人，8个菜，3个凉菜，4个热菜，一个汤。就是这样的节奏。

大民把我吹得就俨然是西餐小能手了，所以朋友来都是要中西口味结合，又要满足他们的味蕾，又要看起来很西式很大气。卡普勒斯沙拉是我的首选，2分钟就能端上桌。但是气势马上不一样。口味清爽又层次感十足，做开胃菜最好了！

耶！本次聚会因为这道沙拉掀起了一个快乐的小高潮，这次大民边吃边说的时候眼睛里不光充满了快乐和自豪，更多的是吃到来自亲爱的老婆做的好吃食物的幸福感。

材料

中等大小番茄 2 个
新鲜的水牛奶酪 150g
罗勒叶 10 片
橄榄油 1 大勺
黑胡椒碎 适量

做法

① 番茄去两头切片，奶酪切片，罗勒叶切丝。

② 一层番茄一层奶酪码在盘子里，再撒上罗勒叶丝。

③ 最后撒上黑胡椒碎和橄榄油就能上桌了。

蓝蓝 tips:

1. 这道菜奶酪的使用量还是很大的，所以推荐 3 ~ 4 个人分享，如果 1 ~ 2 个人吃，热量的摄入就太高了，记得最好适当地减少奶酪的用量。

2. 整道菜都很简单，成品卖相也相当好，而且还有浓浓的西洋味道，是家中宴客首选凉菜哦！

美食 PK

老公的 西红柿

西红柿炒鸡蛋

大民食材课

　　自然成熟的西红柿，外形圆润表皮鲜红，内部多汁，籽呈黄色；催熟的西红柿外形多菱形，内部少汁，籽呈绿色；最重要一点是看果蒂，圆圈越小的西红柿越好吃；鸡蛋要挑选表皮平滑色泽鲜亮的，用手晃动时感觉有流体就是不新鲜的，放入水中，下沉到底的是新鲜鸡蛋，上浮的则不新鲜。

❤ 爱の印象 ❤

　　七零后对这道菜应该是颇有感情的，在那个物资匮乏的年代里，是没有温室大棚的，想在冬天吃到西红柿炒鸡蛋是要提早做准备的，在冬天还没有来之前，把西红柿做成酱放在干净的大玻璃瓶里密封保存，这样就可以在冬天吃到西红柿炒鸡蛋了，以至于我工作之后，依然有着用西红柿炒鸡蛋泡米饭吃的怀旧情结！这些，作为八零后的她来讲，是没有经历过的，不过，她知道我喜欢吃，就够了！（蓝蓝：老公做的西红柿炒鸡蛋最好吃啦！）

材 料

西红柿 500g

鸡蛋 2 个

食用油 20g

香葱末 5g

蒜 5g

盐 3g

生抽 5g

白砂糖 10g

做法

❶ 热锅凉油，油温六成热将鸡蛋打散倒入锅内，定型后用筷子搅散，盛出备用。

❷ 将西红柿去蒂后切块放入锅内，煸炒至变软出汤后放入鸡蛋。

❸ 倒入酱油，放入拍好的蒜，翻炒出蒜香后放入盐和糖。

❹ 将作料搅均匀后起锅装盘，撒上香葱末即可。

大民 tips:

1. 炒鸡蛋的时候，一定要等到定型了再搅拌，否则鸡蛋碎了会影响口感，而且会有蛋腥味影响味道。

2. 家里有老人孩子的可以去掉西红柿的皮再做这道菜，这样好消化。

3. 西红柿的皮不好剥，可以用筷子插住西红柿的根蒂部位用火烤。

大民说

　　曾经有人说，虽然西红柿炒鸡蛋是道很简单的家常菜，但它们确实是绝配，丰富的维生素搭配着全面的动植物蛋白，既能给人体提供必需的营养，又能在口味上给予有层次的味道，两种食材有机结合，正如七零后所经历的让我有吃苦耐劳的精神，八零后所拥有的让她有鲜活跳跃的思维，平稳幸福的家庭生活，需要我们优势互补、齐头并进！

美食 PK

老婆的 什锦蔬菜

素什锦咖喱

蓝蓝营养课

咖喱的主要成分是由姜黄粉、川花椒、八角、草果、丁香、肉桂、茴香、小茴香、豆蔻、胡荽子、芥末子、胡罗巴、黑胡椒、辣椒等 30 ～ 40 种辛香料研磨成粉混合做成。

其中的姜黄粉含有一种叫姜黄素的有效成分，经研究证明姜黄素可以帮助阻止癌细胞增殖，对预防癌症、特别是白血病有一定的效果。另外，姜黄色素还可以帮助消除吸烟和加工食品对身体产生的有害作用。

加入黑胡椒制成的咖喱中含有胡椒碱的成分，胡椒碱及其衍生物有一定的降低血脂，胆固醇的作用；同时胡椒碱的止痛，消炎和抗溃疡的辅助作用也是很值得我们来食用的。

肉桂在中医里属于热性食物，同时也可入药，适宜平素畏寒怕冷，四肢手脚发凉、胃寒冷痛、食欲不振者食用；妇女产后腹痛、月经期间小腹发凉、时有冷痛以及寒性闭经者也可食用；对腰膝冷痛、风寒湿性关节炎者，肉桂也有一定的辅助缓解功效。

由此可见，咖喱不光味道佳，也真的是对我们的身体有大大的好处哦。

❤ 爱の印象 ❤

我爱吃咖喱，不分黄的、绿的还是红的，也不管是鸡肉的、牛肉的或者纯素的。我也爱吃蔬菜，胡萝卜、大白菜、茄子、豆角、生菜或者西兰花通通都是我喜欢的。

大民不爱吃咖喱，就算咖喱里面只有一只大螃蟹也不吃，同样不爱吃蔬菜，就算是用金华火腿炖的白菜也不爱吃。

可是咖喱对身体很好，蔬菜更是每天必不可少的，这两样食物我都希望让他能吃下去，哪怕是硬着头皮完成任务也要吃一点。

对好孩子就不能放弃，我用上了他每天都对我开展的絮絮叨叨念碎碎大法，每天认真贯彻蔬菜对身体的重要性，咖喱也是一种特别好的调料，而且味道一点都不难吃。坚持就是有效果的，念叨了几周，几周啊，他终于同意吃一次咖喱作为对我每天给他洗脑的奖励。（大民：明明是我为了摆脱终日被你唠叨的窘境好吧，你一个人能顶一大群的唐僧了，每次唠叨我都分声部，我都能听到和声的效果了！）

太棒了！有开始就会有改变，不是吗？

材料

中等大小土豆 1 枚	青豆 10g
中等大小胡萝卜 1 根	咖喱膏 30g
洋葱 半个	椰浆 200g
香芹茎 2 支	食用油 15g
莲藕 150g	紫苏叶 5g
香菇 2 个	柠檬 半个
杏鲍菇 1/2 个	热水 200g

做法

❶ 各种蔬菜切成一口的大小，莲藕、土豆、胡萝卜块等提前焯水，紫苏叶用手撕成小块备用。

❷ 炒锅烧热，加入食用油，油烧热放入切好的洋葱块炒香，然后加入香芹茎和咖喱膏翻炒出香味，再加入切好的土豆、胡萝卜和藕块翻炒均匀，倒入椰浆 200g，热水 200g。

❸ 大火烧开，水沸腾，加入青豆和香菇、杏鲍菇盖好盖子炖煮 5 分钟，然后打开盖子转大火炖煮 3 分钟，加入紫苏叶碎，再挤入半个柠檬的柠檬汁搅拌均匀即可起锅。

蓝蓝 tips：

1. 做素咖喱适合用各种根茎类蔬菜和菇类，不适合使用叶子菜，长时间地炖煮会影响叶子菜的口感。

2. 咖喱膏有黄色、红色和绿色的区分，味道稍微有些差别，最容易接受的是黄色的咖喱膏。

3. 用椰浆调味是为了降低咖喱的辛辣和刺激味道，如果买不到椰浆，换成全脂牛奶也是很好的。

美食 PK

老公的 什锦蔬菜

荷塘月色

大民食材课

这道菜的食材课我们着重介绍下如何挑选藕，藕分脆藕和粉藕，粉藕多用来煲汤，脆藕适合凉拌和炒制；首先看外形，脆藕通常一头大一头小，粉藕则成圆筒形，同一根藕，根部到中央的粗壮部位通常比较粉，藕梢则比较脆；颜色上比较白的淀粉含量高，会粉一些，颜色暗的则脆一些，切开看，丝少的是粉藕；丝多的是脆藕，掰一小块尝一下，发涩的是粉藕，口感甜的是脆藕。

♥ 爱の印象 ♥

记得在某一年的父亲节时，有家涉外酒店举办了一次"型男奶爸"厨艺大赛，很多有宝宝的家庭参加了那次比赛，爸爸们各显神通，都想通过自己的努力夺得冠军！我在她的鼓励下也参加了比赛，并且拿到了优胜奖的好成绩！在发表获奖感言的时候，我感触颇多："今天很多到场的选手都是父亲，带着宝宝来参赛，场外还有妈妈在鼓劲加油，在这么一个特殊的日子里，一家人在一起其乐融融，确实幸福温馨，因为每一道菜里面都有浓浓的爱，所以每一位选手都是优胜者，在每个宝宝的眼中，爸爸都是最棒的！"

主持人说："您有宝宝了吗？在您宝宝的眼中，您也一定是最棒的！"

我笑着回答："我还没宝宝，我就是宝宝，我眼中的父亲和岳父都是最棒的！愿全天下的爸爸都健康长寿，妈妈都美丽常驻，宝宝都茁壮成长，所有的家庭都幸福快乐！"（蓝蓝：煎饼爸爸！你是最棒的！）

材料

藕 100g

荷兰豆 50g

木耳 50g

胡萝卜 30g

百合 20g

食用油 10g

水淀粉 20g

葱末 10g

盐 3g

做法

❶ 木耳提前用水泡发好，并去掉根部杂质备用。

❷ 做热水将切片的藕和荷兰豆焯水备用。

❸ 热锅凉油，油温六成热放葱末炝锅，并将准备好的藕、荷兰豆、木耳、百合放入锅中大火快炒 2 ～ 3 分钟。

❹ 起锅前放入胡萝卜、盐，并加入水淀粉，搅拌均匀即可盛盘。

大民 tips:

1. 藕和荷兰豆都不易成熟，所以一定要提前焯水。

2. 水淀粉要提前搅匀，并沿锅边一点点加入，一次性加入过多会产生硬块、影响口感。

3. 起锅的时候也可以淋上少许的香油，这样味道会更好。

　　每当碰到困难的时候，我总对自己说：这只是一个过程，还不是结果！通过努力可以改善结果，甚至是扭转局面！这个理念伴随了我很多年，也帮助我许多次渡过难关，而我最终发觉，一路走来我追求的成功标准，也渐渐地发生了改变！

　　三十岁之前，我追求的是事业，每一笔辛勤工作带来的收入都会让我信心十足，似乎自我价值得到了最大的体现；而近年来，有了家庭，我越发感觉到，仅仅在物质上的简单堆砌是远远不够的！关爱家庭的每一位成员，让每一天都充满和谐美好才是最重要的！

　　日子还要一天天的过，每一天都会发生这样或那样的事情，每个人都会承担着压力，每个人也都需要在压力中成长成熟！一路坎坷，我们用爱和坚持守住了彼此！

　　今时今日，那些爱和美食所抒写的还不能成为不朽的传奇！

　　因为——美食和爱都在继续，美食是最好的情书，值得我们一直为爱吃狂！

感谢出现在我们生活中的你

  每个人生活里都会出现很重要的人。大民民和蓝冰滢的生活中更有这样一些特别重要的人！他们是我们的家人、朋友、老师和合作伙伴。因为有这样一群人在，才有现在的大民民和蓝冰滢，才有现在的"蓝猪坊"。感谢各位亲出现在我们的生活中，在美食的道路上给予我们的理解与支持，并将与我们一同走得更远。也期待我们能创作出更多的美食，和大家一起分享！

  他们是：常怀林、祖增蕴、张进德、毛丽芝、张怀忠、李玮琦、李波儿、何亮、郝振江、唐晓龙、严之飞、刘明磊、赵斌、刘鑫、白玮、朱虹、付佳、李和平、李蕾、王彪、焦贵玲、王蕊、姜柯君、刘慧、胡宇、李曦、陈亦佳、宛静、王家政、喻斌、薛卫东、王浩川。

  （以上排名不分先后。）